学习

Eureka Math®
4 年级
模块 6 和 7

Great Minds PBC is the creator of Eureka Math®,
Wit & Wisdom®, Alexandria Plan™, and PhD Science™.

Published by Great Minds PBC. greatminds.org

Copyright © 2020 Great Minds PBC. All rights reserved. No part of this work may be reproduced or used in any form or by any means—graphic, electronic, or mechanical, including photocopying or information storage and retrieval systems—without written permission from the copyright holder.

ISBN 978-1-64929-276-6

1 2 3 4 5 6 7 8 9 10 CCD 25 24 23 22 21 20

Printed in the USA

学习·练习·成功

Eureka Math® 的学生教材 A Story of Units® (幼儿园到 5 年级) 可以在 学习、练习、成功三合一课程中取得。本系列支持差异学习和辅导，同时保持学生教材条理清晰且易于使用。教育人员会发现 学习、练习 和 成功 系列还具备连贯性的介入响应模式（Response to Intervention / RTI），因此学习更有效率，并提供额外练习和夏季学习资源。

学习

Eureka Math 学习可作为学生的课堂伙伴，帮助其展示自己的想法、分享他们知道的内容、看着他们每天累积知识。学习通过容易存放和浏览的书册集合了每日的课堂作业——应用题、课堂反馈条、习题集和模版。

练习

每堂 Eureka Math 课程从一系列充满活力、欢乐的熟练度活动开始进行，包括 Eureka Math 练习的内容。精通数学的学生可以更深入地掌握更多教材。通过练习，学生将掌握新习得的技能，并加强以前的学习，为下一堂课做准备。

学习和练习一起提供学生用于核心数学教学所需的所有印刷教材。

成功

Eureka Math 成功让学生可以独立学习并精通内容。每一课的额外习题集都与课堂的教学一致，因此非常适合当作家庭作业或额外练习。每个习题集都伴随一个家庭作业助手，它是一组说明如何解决类似问题的练习例题。

老师和导师可以使用前一年级的成功课本作为课程一致性的工具，以填补基础知识的落差。随着熟悉的模型加强与当前年级内容的联系，学生将蓬勃发展，并更快地进步。

学生、家庭和教育人员：

谢谢您加入 Eureka Math® 社区，我们在此赞扬数学的乐趣、美好和震撼。

通过丰富的经验和对话，新的学习会在 Eureka Math 的课堂中获得启发。学习课本将学生所需的提示和习题顺序交到他们的手中，以展现并巩固他们在课堂里的学习。

学习课本里有什么内容？

应用题： 解决现实世界中的问题是 Eureka Math 日常教学的一部分。学生在各种全新的情况下运用他们的知识，可建立信心和毅力。本课程鼓励学生使用 RDW 流程—阅读习题，画图以理解问题，并写出算式和解题方法。当学生分享他们的作业并互相解释他们的解题策略时，教师会提供帮助。

习题集： 精心安排的习题集让学生有机会能在课堂上进行独立作业，并提供多种不同的切入点。老师可以使用"准备和定制"流程为每个学生选择"必须做"的题目。某些学生会比其他人完成更多题目；重要的是，通过老师稍微的提点，所有学生都有 10 分钟的时间立即练习所学内容。

学生通过问题集达到每堂课的高峰点——学生汇报。在此学生会与同学和老师进行思考，说明并强化他们当天有疑问、注意到和学习到的东西。

课堂反馈条： 学生通过每日的退出票向老师展示他们的知识。这项理解程度的检查为老师提供了当天教学成果的珍贵实时证据，进而为下一次的教学重点提供重要的见解。

模板： 有时，"应用题"、"习题集"或其他课堂活动要求学生拥有自己的图片副本、可重复使用的模型或数据集。所有这些模板会在需要用到的第一堂课提供。

在哪里可以了解更多 Eureka Math 的资源？

Great Minds® 团队致力于通过不断扩充的资源库为学生、家庭和教育人员提供支持，请访问：eureka-math.org。该网站还在 Eureka 数学社区提供了一些令人振奋的成功案例。通过成为尤里卡数学优胜者与其他用户分享您的见解和成就。

祝福您一整年都充满着灵光乍现的时刻！

吉尔·迪尼兹（Jill Diniz）
数学总监
Great Minds

读–画–写流程

Eureka Math 课程让老师通过简单且可重复的教学流程支持学生解决问题。读–画–写 (RDW) 流程要求学生

1. 阅读习题。
2. 画图与标记。
3. 写出算式。
4. 写出句子(陈述)。

本课程鼓励教育人员加入以下问题来加强教学流程,例如:

- 你看到了什么?
- 你能画点东西吗?
- 你可以从图画中得出什么结论?

通过这种系统性与开放性的方法,学生参与问题推理的程度越深,他们就越能将思考过程消化吸收,并且在未来更能直觉性地应用这些技能。

内容

模块 6：纯小数

主题 A：探索十分之一

第一课 3

第二课 7

第 3 课 15

主题 B：十分之一和百分之一

第四课 23

第5课 31

第6课 39

第七课 49

第八课 57

主题 C：小数比较

第 9 课 65

第10课 73

第 11 课 81

主题 D：用十分之一和百分之一进行加法

第12课 87

第13课 95

第 14 课 99

主题 E：小数数字金额

第 15 课 103

第 16 课 109

模块 7：探索测量值乘法

主题 A：测量值转换表
第 1 课 115

第 2 课 121

第 3 课 127

第 4 课 133

第 5 课 137

主题 B：测量值解题
第 6 课 143

第 7 课 147

第 8 课 153

第 9 课 159

第 10 课 163

第 11 课 167

主题 C：调查混合数字测量值
第 12 课 171

第 13 课 177

第 14 课 183

主题 D：年度复习
第 15 课 187

第 16 课 195

第 17 课 199

第 18 课 201

4 年级

模块 6

姓名 _____   日期 _____

1. 涂黑带形图的头 7 个单位。用十分之一来计数以标签数字线，并在每一点使用一个分数和一个小数。圈出代表涂黑部分的小数。

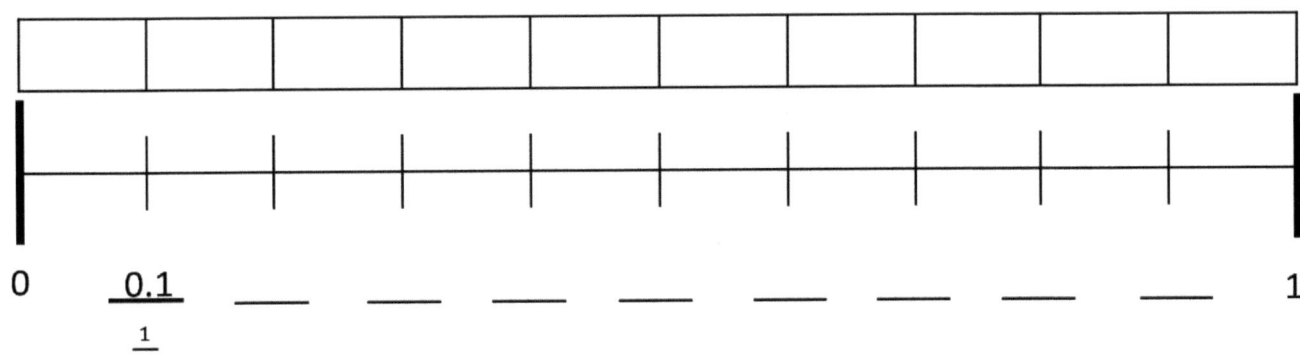

2. 以分数形式和小数形式写出水的总量。涂黑最后一个瓶以显示正确份量。

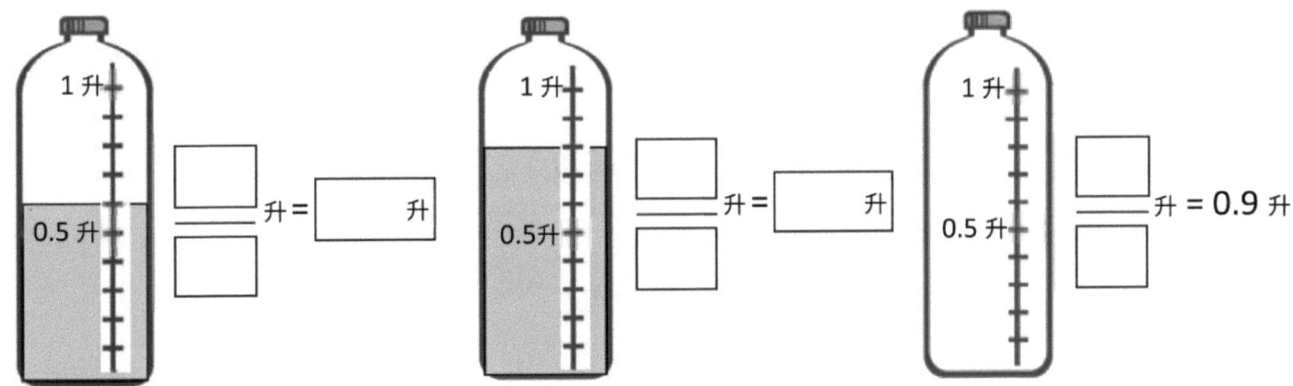

3. 以分数形式和小数形式写出每一个秤上的食物总重量。

4. 写出每一只虫子的厘米长度。(图画并非按比例绘制。)

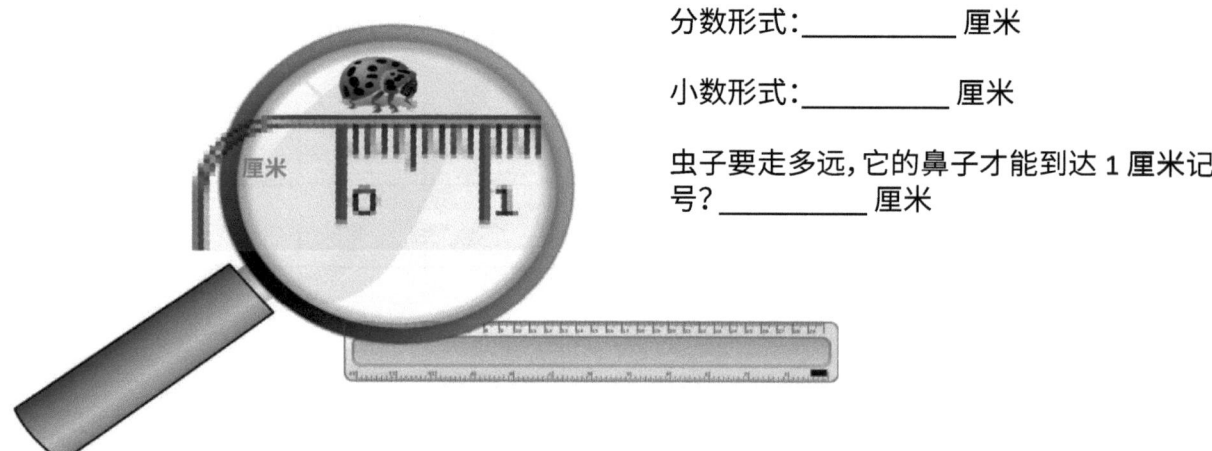

分数形式:_____ 厘米

小数形式:_____ 厘米

虫子要走多远,它的鼻子才能到达 1 厘米记号?_____ 厘米

5. 填空以构成分数形式和小数形式的正确算式。

a. $\frac{8}{10}$ cm + _____ 厘米 = 1 厘米　　　0.8 厘米 + _____ 厘米 = 1.0 厘米

b. $\frac{2}{10}$ cm + _____ 厘米 = 1 厘米　　　0.2 厘米 + _____ 厘米 = 1.0 厘米

c. $\frac{6}{10}$ cm + _____ 厘米 = 1 厘米　　　0.6 厘米 + _____ 厘米 = 1.0 厘米

6. 匹配每一个量的单位形式与它的等值分数和小数形式。

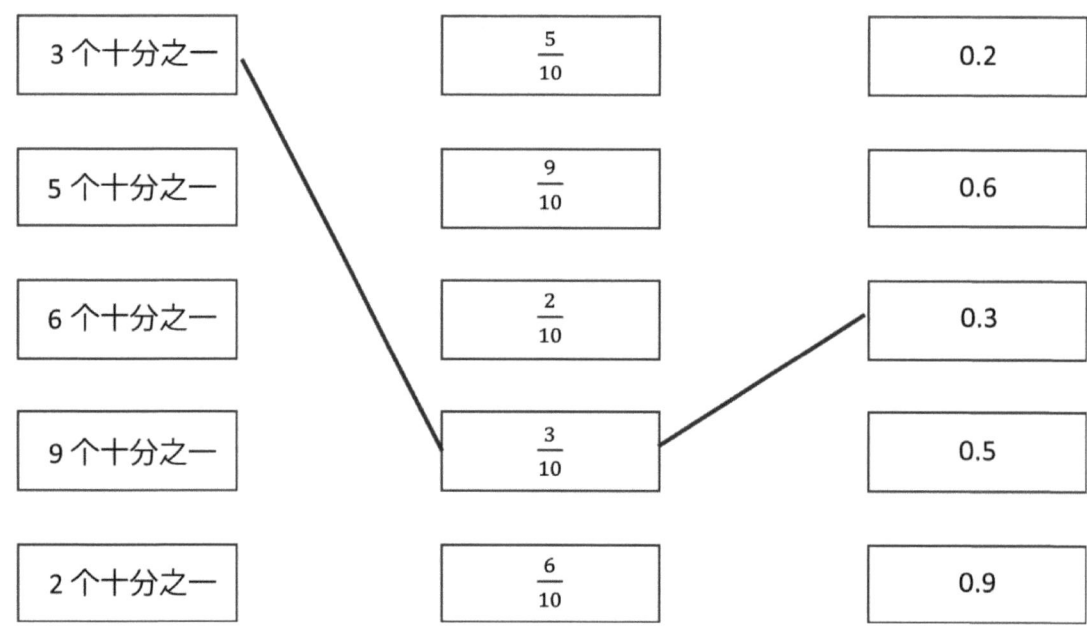

单位的故事　　　　　　　　　　　　　　　　　　　　　　　　　　　　第1课 退出票　4•6

姓名 _____　　　　日期 _____

1. 填空以构成分数形式和小数形式的正确算式。

   a. $\frac{9}{10}$ cm + _____ cm = 1 cm　　　　0.9 厘米 + _____ 厘米 = 1.0 厘米

   b. $\frac{4}{10}$ cm + _____ cm = 1 cm　　　　0.4 厘米 + _____ 厘米 = 1.0 厘米

2. 匹配每一个量的单位形式与它的等值分数形式和小数形式。

3 个十分之一	$\frac{5}{10}$	0.8
8 个十分之一	$\frac{8}{10}$	0.3
5 个十分之一	$\frac{3}{10}$	0.5

第1课：　使用公制计量，把一个整体分解为十分之一并进行建模。

昨天，本的竹子长了 0.5 厘米。今天它又长了 $\frac{8}{10}$ 厘米。

本的竹子在 2 天内长了多少厘米？

阅读　　　　绘画　　　　编写

姓名 _____   日期 _____

1. 画一条线段以匹配以下每一个给定的长度。把每一个测量值表达为一个等值的带分数。

   a. 2.6 厘米

   b. 3.4 厘米

   c. 3.7 厘米

   d. 4.2 厘米

   e. 2.5 厘米

2. 把以下各项写成等值的小数。然后如下所示，建模和重新命名数字。

   a. 2 个 1 和 6 个十分之一 = _____

   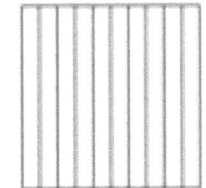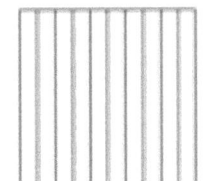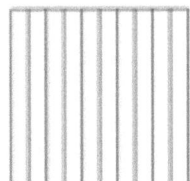

   $2\frac{6}{10} = 2 + \frac{6}{10} = 2 + 0.6 = 2.6$

b. 4 个 1 和 2 个十分之一= _____

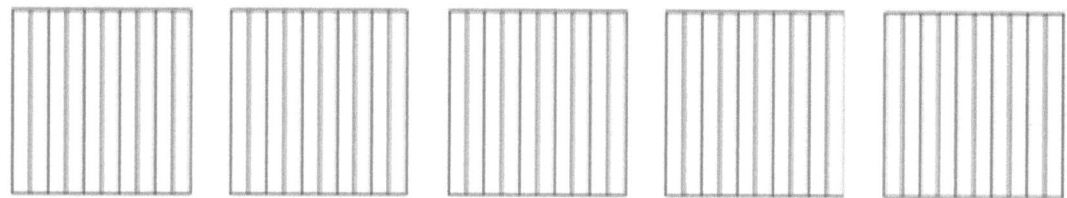

c. $3\frac{4}{10}$ = _____

d. $2\frac{5}{10}$ = _____

还需要多少才能达到 5? _____

e. $\frac{37}{10}$ = _____

还需要多少才能达到 5? _____

姓名 _____ 日期 _____

1. 画一条线段以匹配以下给定的长度。把测量值表达为一个等值的带分数。

   4.8 厘米

2. 把以下信息写成一个小数形式和一个带分数。涂黑面积模型以匹配。

   a. 3 个一和 7 个十分之一 = _____ = _____

   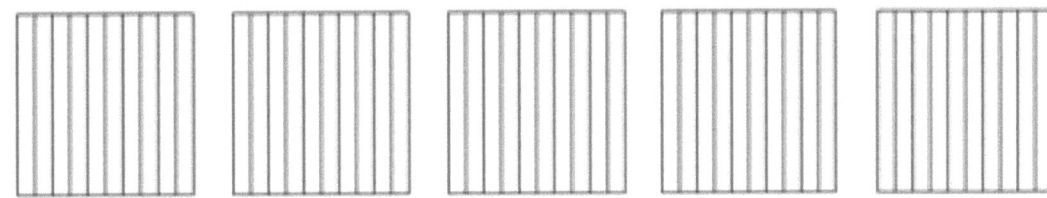

   b. $\frac{24}{10}$ = _____ = _____

   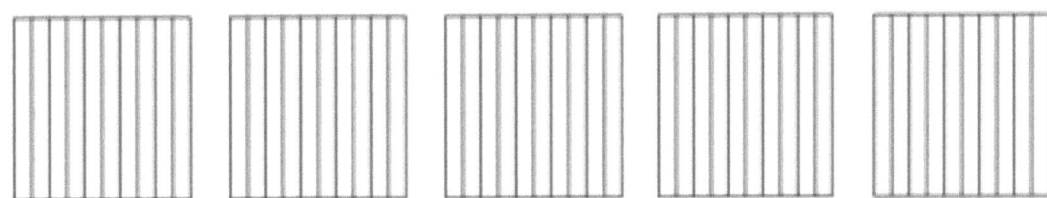

   还需要多少才能达到 5? _____

单位的故事

十分之一面积模型

第二: 使用公制计量和面积模型来表示十分之一作为大于 1 的分数和小数数字。

艾德买了 4 块三文鱼，总重量为 2 千克。其中一块重 $\frac{4}{10}$ 千克，另外两块各重 $\frac{5}{10}$ 千克。第四块三文鱼有多重？

阅读　　　　绘画　　　　编写

第三：　　以数位盘、在数字线上及以扩展形式用十位、个位和十分之一为单位来表达带分数。

姓名 _____ 日期 _____

1. 圈出各组十分之一以制作尽量多的个位。

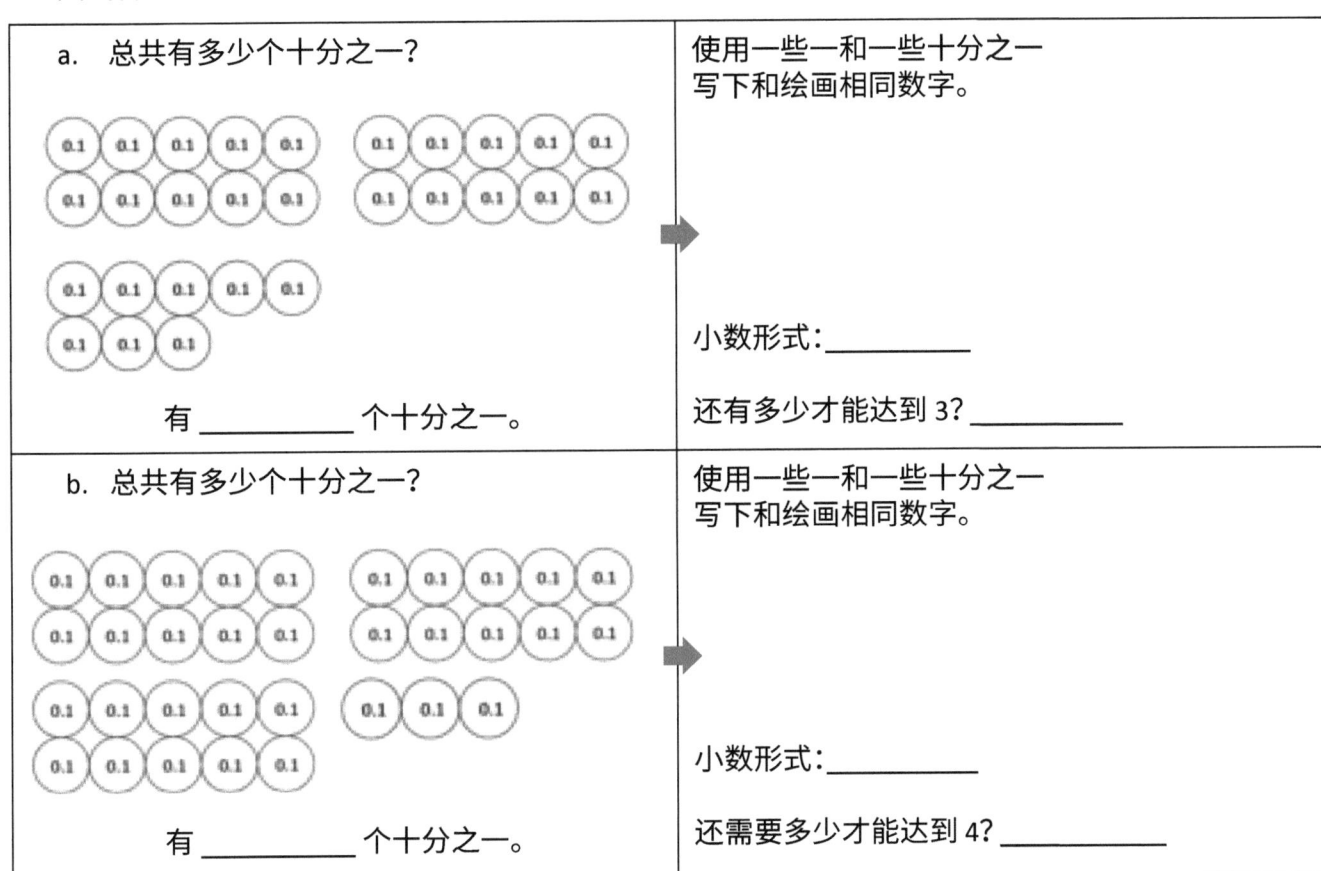

2. 用十位、个位和十分之一来画圆盘以代表每个数字。然后，以扩展形式展示每一个数字的分数形式和小数形式，如所示。第一个已经为你完成了。

c.　2 个十 3 个一 2 个十分之一

d.　7 个十 4 个一 7 个十分之一

3. 完成图表。

点	数轴	小数形式	带分数（个位和分数形式）	扩展形式（分数和小数形式）	还需要多少才能达到下一个？
a.			$3\frac{9}{10}$		0.1
b.	(17—18, 点在约17.3处)				
c.				$(7 \times 10) + (4 \times 1) + (7 \times \frac{1}{10})$	
d.			$22\frac{2}{10}$		
e.				$(8 \times 10) + (8 \times 0.1)$	

单位的故事　　　　　　　　　　　　　　　　　　　　　　　第 3 课 退出票　4•6

姓名 _____　　日期 _____

1. 圈出各组十分之一以制作尽量多的个位。

总共有多少个十分之一？	使用一些一和一些十分之一写下和绘画相同数字。
(0.1 的圆圈图示)	
有 _____ 个十分之一。	小数形式：_____ 还需要多少才能达到 2？_____

2. 完成图表。

点	数轴	小数形式	带分数（个位和分数形式）	扩展形式（分数和小数形式）	还需要多少才能达到下一个个位？
a.			$12\frac{9}{10}$		
b.		70.7			

| 单位的故事 | | | | | 第 3 模板 | 4•6 |

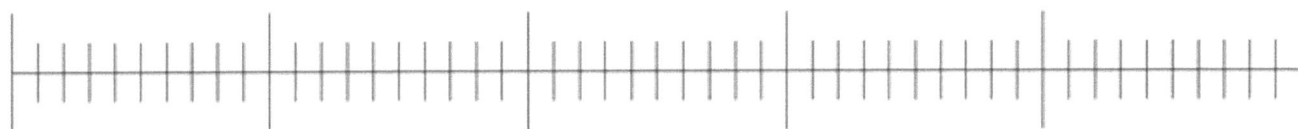

点	数轴	小数形式	带分数 （个位和分数形式）	扩展形式 （分数和小数形式）	还有多少才能达到下一个个位？
a.					
b.					
c.					
d.					

数字线上的十分之一

第 3： 以数位盘、在数字线上及以扩展形式用十位、个位和十分之一为单位来表达带分数。

艾莉正在编织一条 2 米长的围巾。到现在为止,她编织了 $1\frac{2}{10}$ 米。

a. 艾莉还需要编织多少米的围巾才能完成?以分数和小数写出您的答案。

b. 艾莉还需要编织多少厘米的围巾才能完成?

阅读　　　绘画　　　编写

姓名 _____ 日期 _____

1. a. 米尺的涂黑部分长多少厘米？

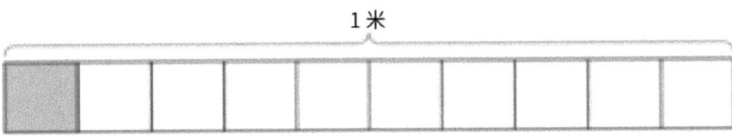

b. 1厘米是一米的几分之几？

c. 以分数形式表达米尺涂黑部分的长度。

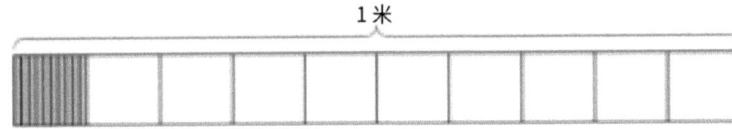

d. 以小数形式表达米尺涂黑部分的长度。

e. 10厘米是一米的几分之几？

2. 填空。

   a. 1个十分之一 = _____ 个百分之一   b. $\frac{1}{10}$ m = $\frac{}{100}$ m   c. $\frac{2}{10}$ m = $\frac{20}{}$ m

3. 使用模型来添加各涂黑部分，如所示。写出一个数字链，以小数写出总数并以分数写成各部分。第一个已经为您完成。

   a.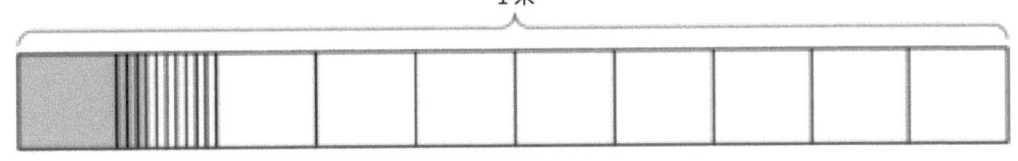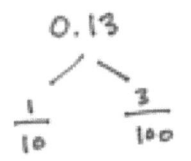

   $$\frac{1}{10}m + \frac{3}{100}m = \frac{13}{100}m = 0.13m$$

第4： 使用米，把一个整体分解为百分之一并进行建模。代表和计数百分之一。

b.
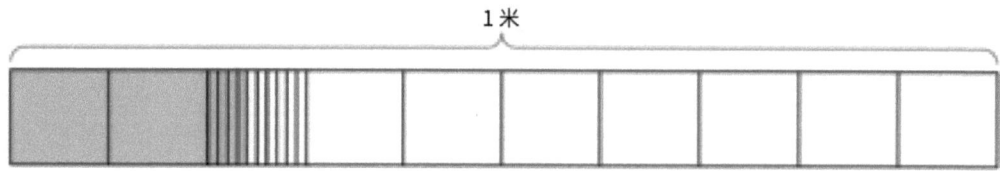

c.
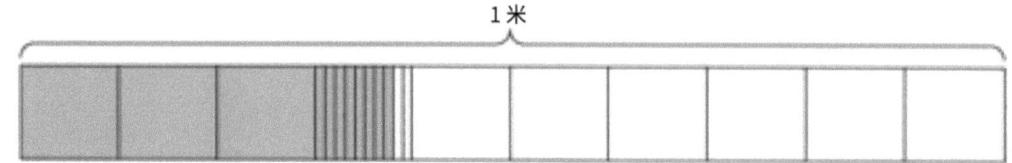

4. 在每一根米尺上涂黑数量，如所示。然后写成等值小数。

a. $\frac{8}{10}$ m
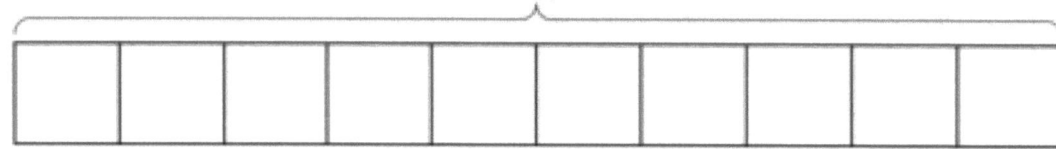

b. $\frac{7}{100}$ m
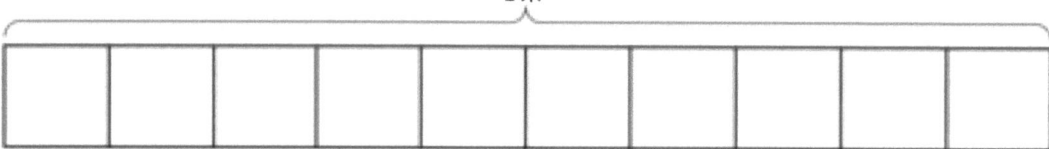

c. $\frac{19}{100}$ m
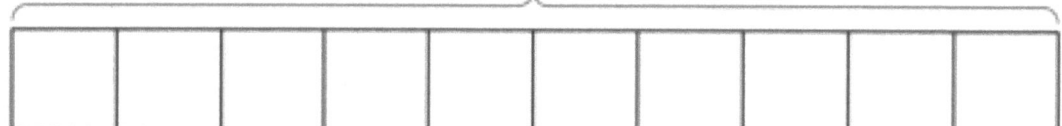

5. 画一个数字链，并仿效第 3 题，从百分之一抽出十分之一。把总数写成等值小数。

a. $\frac{19}{100}$ m

b. $\frac{28}{100}$ m

c. $\frac{77}{100}$

d. $\frac{94}{100}$

单位的故事　　　　　　　　　　　　　　　　　　　　　　　　第 4 课 退出票　4•6

姓名 _____　　日期 _____

1. 涂黑份量，如所示。然后写出等值小数。

   $\frac{6}{10}$ m　　　　　　　　　　　　　　　　　　1米

2. 画一个数字链，并从百分之一抽出十分之一。把总数写成等值小数。

   a. $\frac{62}{100}$ m

   b. $\frac{27}{100}$

第 4：　　使用米，把一个整体分解为百分之一并进行建模。代表和计数百分之一。　　27

单位的故事　　　　　　　　　　　　　　　　　　　　　　第4课模板　4•6

1米

1米

1米

1米

1米

十分之一的带形图

第4课：　使用米,把一个整体分解为百分之一并进行建模。代表和计数百分之一。

某正方形的周长为 0.48 米。每一边长多少厘米?

阅读 绘画 编写

单位的故事 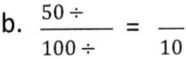 第5课习题集 4•6

姓名 _____ 日期 _____

1. 用乘法或除法寻找等值分数。涂黑面积模型来显示等值。把它记录为一个小数。

   a. $\dfrac{3\times}{10\times} = \dfrac{}{100}$

   b. $\dfrac{50\div}{100\div} = \dfrac{}{10}$

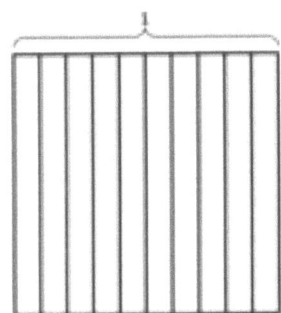 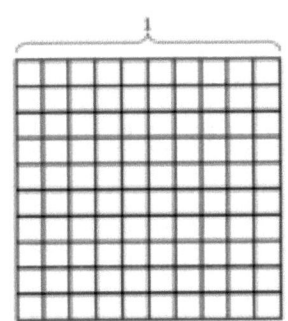 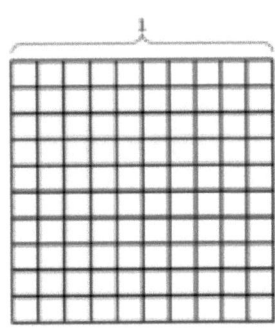 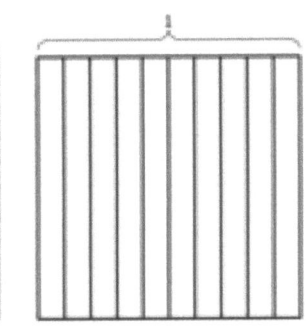

2. 完成算式。涂黑面积模型的等值份量，画水平线以制作百分之一。

   a. 37 个百分之一 = ____ 个十分之一 + ____ 个百分之一

   分数形式：_____

   小时形式：_____

   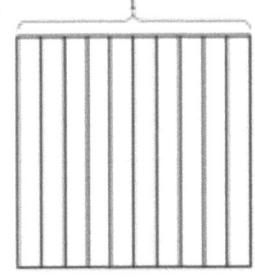

   b. 75 个百分之一 = ____ 个十分之一 + ____ 个百分之一

   分数形式：_____

   小时形式：_____

3. 圈出各组百分之一以组成尽量多的十分之一。完成算式。用一个数字链表达每一组，如所示。

   a.

   ____ 个百分之一 = ____ 个十分之一 + ____ 个百分之一

b.

27 个百分之一 = 2 个十分之一 + 7 个百分之一

4. 用十分之一和百分之一数位盘来表达每一个数字。以小数、分数和单位形式写出每一个等值

a. $\frac{3}{100}$ = 0._____

_____ 个百分之一

b. $\frac{15}{100}$ = 0._____

_____ 个十分之一 _____ 个百分之一

c. _____ = 0.72

_____ 个百分之一

d. _____ = 0.80

_____ 个十分之一

e. _____ = 0._____

7 个十分之一 2 个百分之一

f. _____ = 0._____

80 个百分之一

单位的故事 第5课 退出票 4•6

姓名 _____ 日期 _____

用十分之一和百分之一数位盘来表达每一个分数。写出等值小数，并填空以表达每一个数字的单位形式。

1. $\frac{7}{100}$ = 0. ____

   _____ 个百分之一

2. $\frac{34}{100}$ = 0. ____

   _____ 个十分之一 _____ 个百分之一

第5课： 使用面积模型和数位盘，为十分之一和百分之一进行建模。

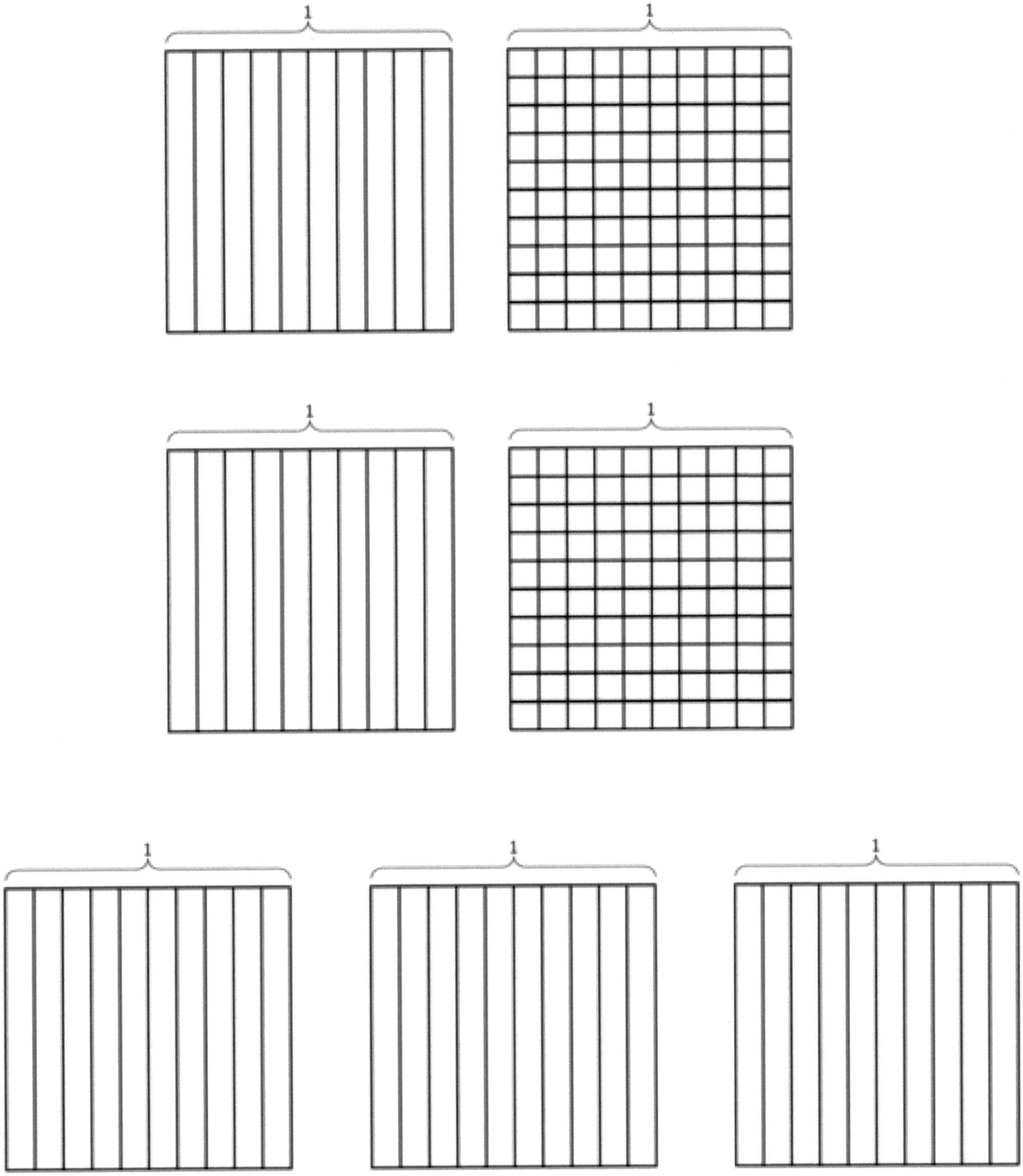

十分之一和百分之一面积模型

这个表显示四个矩形的周长。

a. 哪一个矩形周长最小？

矩形	周长
A	54厘米
B	$\frac{69}{100}$ m
C	54米
D	0.8米

b. 矩形 C 的周长比起一千米短多少米？

阅读　　　绘画　　　编写

c. 比较矩形 B 和 D 的周长。哪一个的周长比较大？大多少？

阅读　　　　绘画　　　　编写

姓名 _____ **日期** _____

1. 涂黑面积模型以代表数字，按需要画水平线以制作百分之一。在数字线上找出相关的点。用一个点来标签，并记录带分数作为一个小数。

   a. $1\frac{15}{100}$ = ___.____

   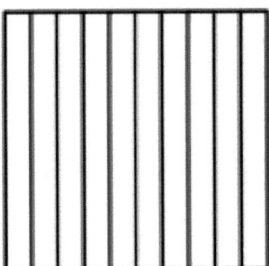 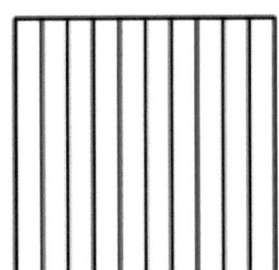 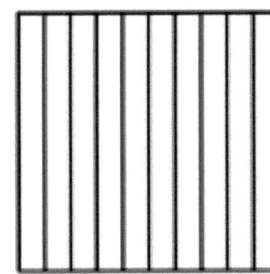

   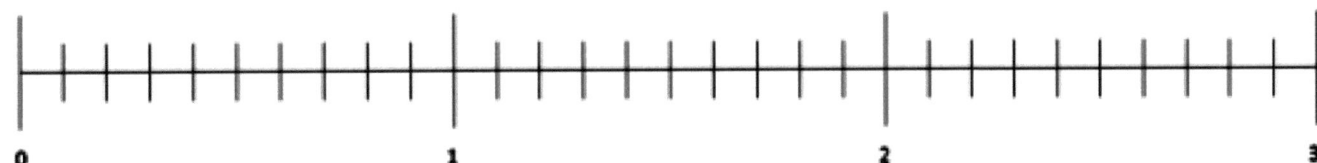

   b. $2\frac{47}{100}$ = ___.____

   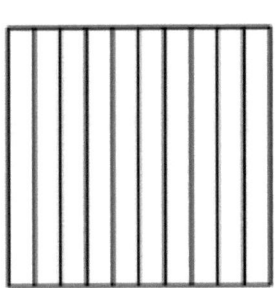 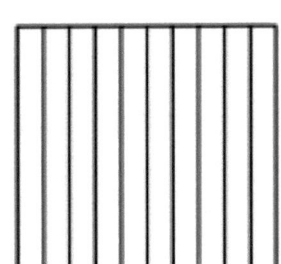 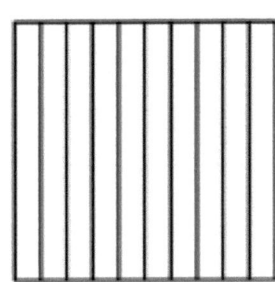

   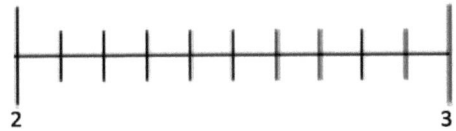

2. 估算以找出数字线上的各点。

   a. $2\frac{95}{100}$

   b. $7\frac{52}{100}$

   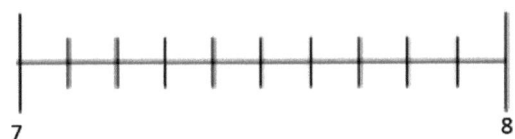

3. 写出以下每一个数字的等值分数和小数。

a. 1 个一 2 个百分之一	b. 1 个一 17 个
c. 2 个一 8 个百分之一	d. 2 个一 27 个百分之一
e. 4 个一 58 个百分之一	f. 7 个一 70 个百分之一

4. 画出点至点的线以匹配小数形式与单位形式和分数形式。所有单位形式和分数都有至少一个匹配，而某些有超过一个匹配。

7 个一和 13 个百分之一 ●　　● 7.30 ●　　● $7\frac{3}{100}$

7 个一和 3 个百分之一 ●　　● 7.3 ●　　● 73

7 个一和 3 个十分之一 ●　　● 7.03 ●　　● $7\frac{13}{100}$

7 个十 3 个一和 ●　　● 7.13 ●　　● $7\frac{30}{100}$

　　　　　　　　　　● 73 ●

姓名 _____ 日期 _____

1. 估算以找出数字线上的各点。标记该点,并标签它作为一个小数。

   a. $7\frac{20}{100}$
   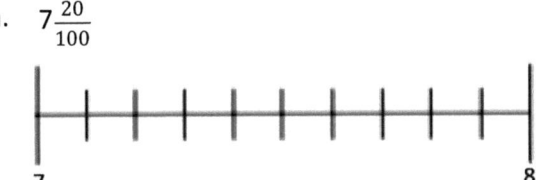

   b. $1\frac{75}{100}$
   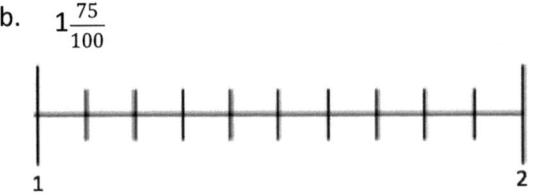

2. 写出每个数字的等值分数和小数。

   a. 8 个一 24 个百分之一

   b. 2 个一 6 个百分之一

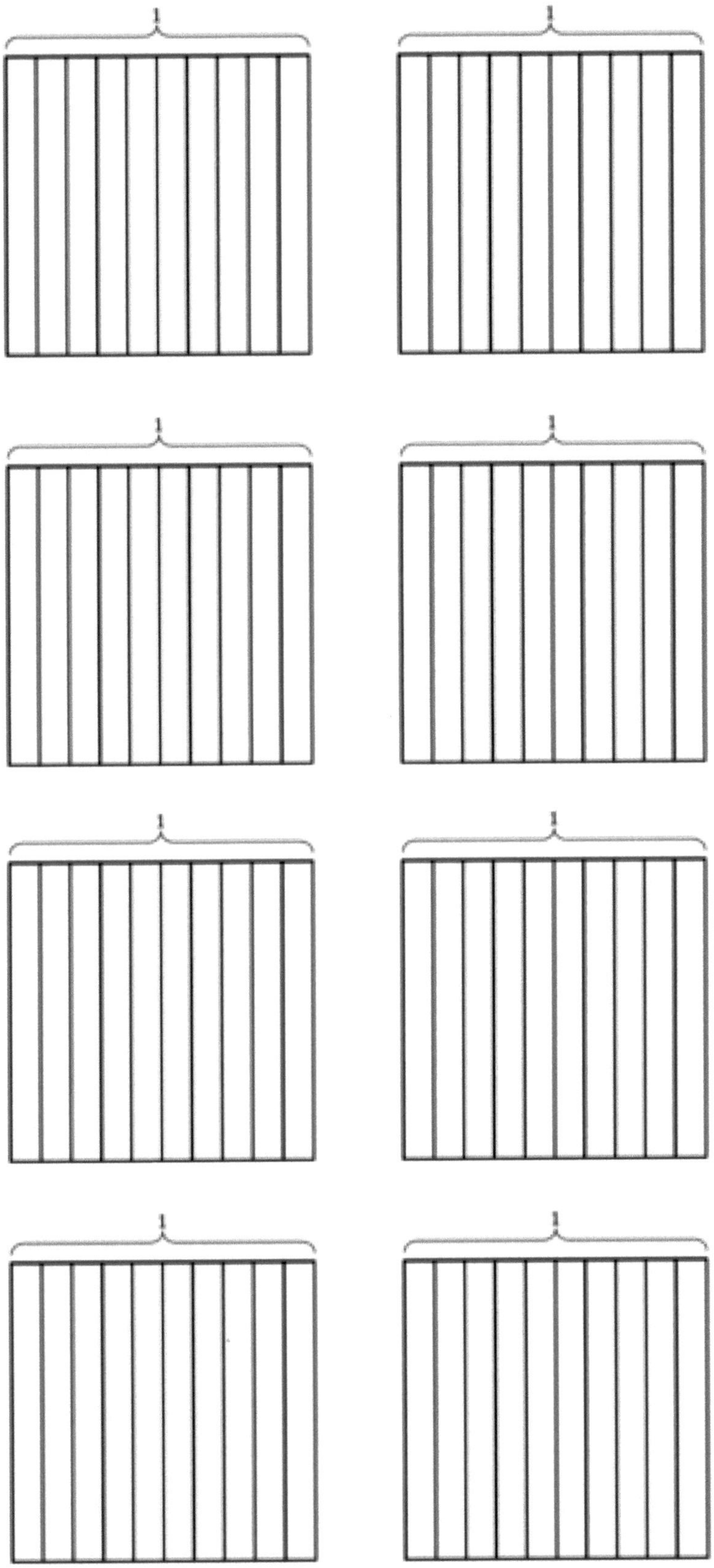

单位的故事 第六课模版1 4•6

面积模型

第六： 用面积模型和数字线，以分数和小数形式来表达以个位、十分之一和百分之一为单位的带分数。

单位的故事　　　　　　　　　　　　　　　　　　　　　　　　第六课模版 2　4•6

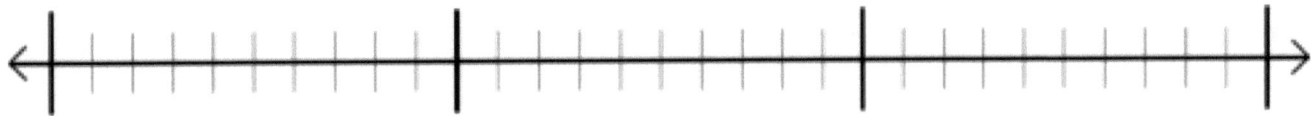

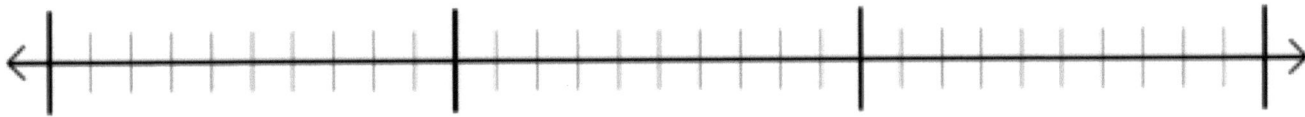

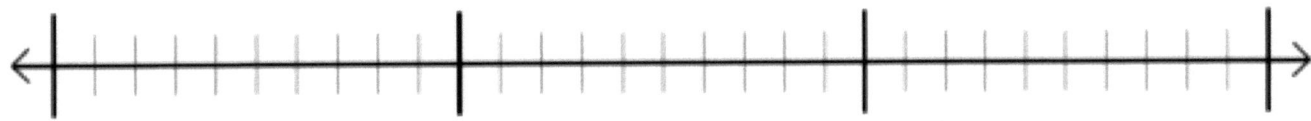

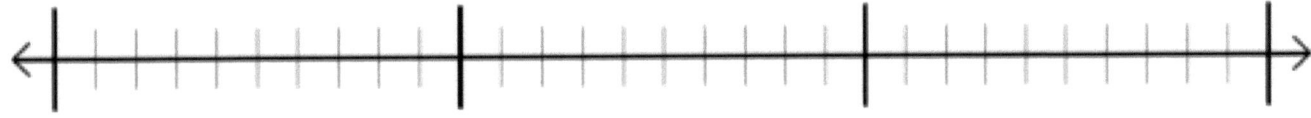

数字线

第六：　　用面积模型和数字线，以分数和小数形式来表达以个位、十分之一和百分之一为单位的带分数。

单位的故事 | 第7课应用题 | 4•6

用花纹块来创建至少1个图形，图形有至少1条对称线。在下方画出你的图形。

_____

_____

_____

阅读　　　　　绘画　　　　　编写

第7课：　以扩展形式以及在数位表上为以百位、十位、个位、十分之一和百分之一为单位的带分数建模。

姓名 _____ 日期 _____

1. 写出一个小数算式来确定数位盘的总数值。

   a. 2 个十　　5 个十分之一　　3 个百分之一

   _____ + _____ + _____ = _____

   b. 5 百　　4 个百分之一

   _____ + _____ = _____

2. 用数位表来回答以下问题。以单位形式表达数位的数值。

百位数	十位数	个位数	·	十分之一	百分之一
4	1	6		8	3

   a. 数位 _____ 在百位。它的数值是 _____。

   b. 数位 _____ 在十位。它的数值是 _____。

   c. 数位 _____ 在十分之一位。它的数值是 _____。

   d. 数位 _____ 在百分之一位。它的数值是 _____。

百位数	十位数	个位数	·	十分之一	百分之一
5	3	2		1	6

   e. 数位 _____ 在百位。它的数值是 _____。

   f. 数位 _____ 在十位。它的数值是 _____。

   g. 数位 _____ 在十分之一位。它的数值是 _____。

   h. 数位 _____ 在百分之一位。它的数值是 _____。

第 7 课： 以扩展形式以及在数位表上为以百位、十位、个位、十分之一和百分之一为单位的带分数建模。

3. 写出每一个小数作为一个等值分数。然后，以扩展形式写出每一个数字，使用小数和分数形式。第一个已经为您完成。

小数和分数形式	扩展形式	
	分数符号	小数符号
$15.43 = 15\frac{43}{100}$	$(1\times10)+(5\times1)+(4\times\frac{1}{10})+(3\times\frac{1}{100})$ $10\ +\ 5\ +\ \frac{4}{10}\ +\ \frac{3}{100}$	$(1\times10)+(5\times1)+(4\times0.1)+(3\times0.01)$ $10\ +\ 5\ +\ 0.4\ +\ 0.03$
21.4 = _____		
38.09 = _____		
50.2 = _____		
301.07 = _____		
620.80 = _____		
800.08 = _____		

单位的故事

姓名 _____ 日期 _____

1. 用数位表来回答以下问题。以单位形式表达数位的数值。

百位数	十位数	个位数	.	十分之一	百分之一
8	2	7		6	4

a. 数位 _____ 在百位。它的数值是 _____。

b. 数位 _____ 在十 它的数值是 _____。

c. 数位 _____ 在十分之一位。它的数值是 _____。

d. 数位 _____ 在百分之一位。它的数值是 _____。

2. 完成以下图表。

分数	扩展形式		小数
	分数 符号	小数符号	
$422\frac{8}{100}$			
	$(3\times 100)+(9\times\frac{1}{10})+(2\times\frac{1}{100})$		

第 7: 以扩展形式以及在数位表上为以百位、十位、个位、十分之一和百分之一为单位的带分数建模。

百(位数)	十(位数)	个(位数)	.	十分之一	百分之一

数位表

第七： 以扩展形式以及在数位表上为以百位、十位、个位、十分之一和百分之一为单位的带分数建模。

雅桑的钱包里有 5 张百元钞票和 6 张十元钞票。艾尔瓦的床垫下藏了 58 张十位钞票。占姆士的储蓄罐里有 556 张一元钞票。他们决定把钱合并起来买一台计算机。使用以下钞票来表达他们的钱的总额：

    a. 百、十和一

    b. 十和一

阅读   绘画   编写

第八：使用分数等值理解，在一个有不同单位的数位表上调查小数数字。

c. 个位数

阅读　　　绘画　　　编写

姓名 _____　　日期 _____

1. 用面积模型来代表 $\frac{250}{100}$ 完成数字算式。

   a. $\frac{250}{100}$ = _____ 个十分之一 = _____ 个一 _____ 个十分之一 = _。_____

   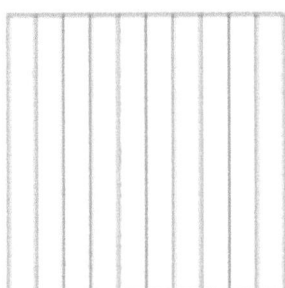 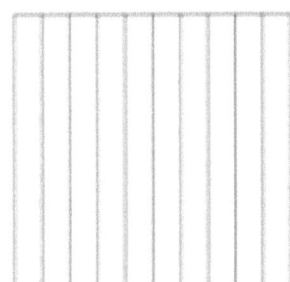 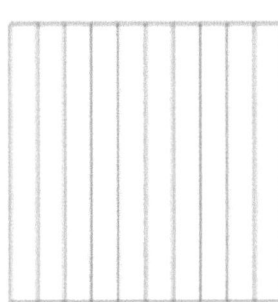

   b. 在以下空白部分解释你如何判断部分(a)的答案。

2. 画出数位盘来表达以下分解：

   2 个一 = _____ 个十分之一

个位数	·	十分之一	百分之一

   2 个十分之一 = _____ 个百分之一

个位数	·	十分之一	百分之一

   1 个一 3 个十分之一 = _____ 个十分之一

个位数	·	十分之一	百分之一

   2 个十分之一 3 个百分之一 = _____ 个百分之一

个位数	·	十分之一	百分之一

第8课： 使用分数等值理解，在一个有不同单位的数位表上调查小数数字。

3. 分解各单位，以十分之一来代表每一个数字。

   a. 1 = _____ 个十分之一

   b. 1.7 = _____ 个十分之一

   c. 10.7 = _____ 十分之一

   b. 2 = _____ 个十分之一

   c. 2.9 = _____ 个十分之一

   d. 20.9 = _____ 十分之一

4. 分解各单位，以百分之一来表达每个数字。

   a. 1 = _____ 个百分之一

   b. 1.7 = _____ 个百分之一

   c. 10.7 = _____ 个百分之一

   b. 2 = _____ 百分之一

   c. 2.9 = _____ 个百分之一

   d. 20.9 = _____ 个百分之一

5. 完成图表。第一个已经为您完成。

小数	带分数	十分之一	百分之一
2.1	$2\frac{1}{10}$	21 个十分之一 $\frac{21}{10}$	210 个百分之一 $\frac{210}{100}$
4.2			
8.4			
10.2			
75.5			

单位的故事　　　　　　　　　　　　　　　　　　　　　　　　第 8 课 退出票　4•6

姓名 _____　　　　日期 _____

1. a. 画出数位盘以表达以下分解：

   3 个一 2 个十分之一 = _____ 个十分之一

个位数	·	十分之一	百分之一

   b. 3 个一 2 个十分之一 = _____ 个百分之一

2. 分解各单位。

   a. 2.6 = _____ 个十分之一　　　　　　　　b. 6.1 = _____ 个百分之一

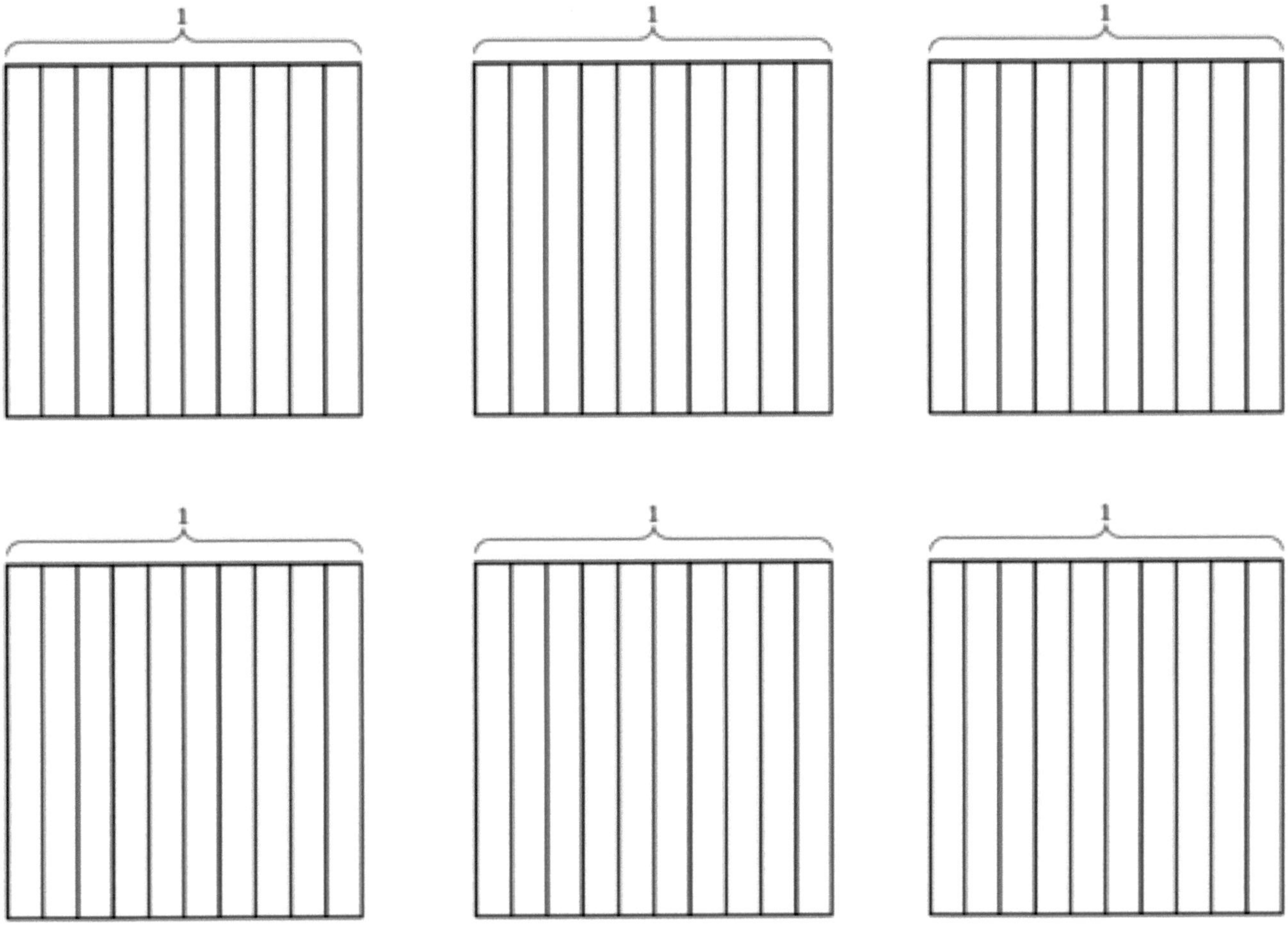

单位的故事 第8课 模板 4•6

十位数	个位数	十分位	百分位

面积模型和数位表

第8课： 使用分数等值理解，在一个有不同单位的数位表上调查小数数字。

凯莉的狗重 14 千克 24 克。玛丽的狗重 14 千克 205 克。海俊的狗重 4720 克。

a. 按三只狗的克重量从最小到最大顺序排列。

b. 最重的狗比最轻的狗重多少？

阅读　　　　绘画　　　　编写

姓名 _____ 日期 _____

1. 以小数形式表达各涂黑部分的长度。写出一个算式以比较两个长度。在你的算式中使用*短于*或*长于*表达式。

   a.

   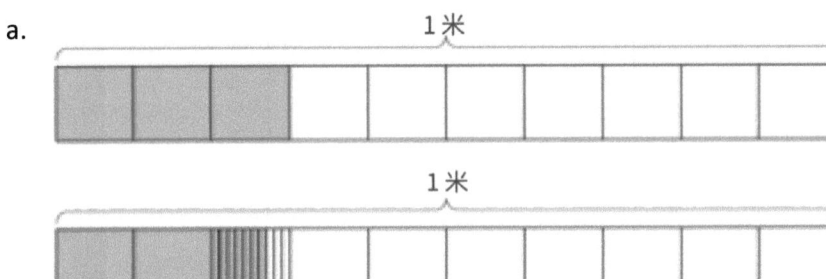

   b.

   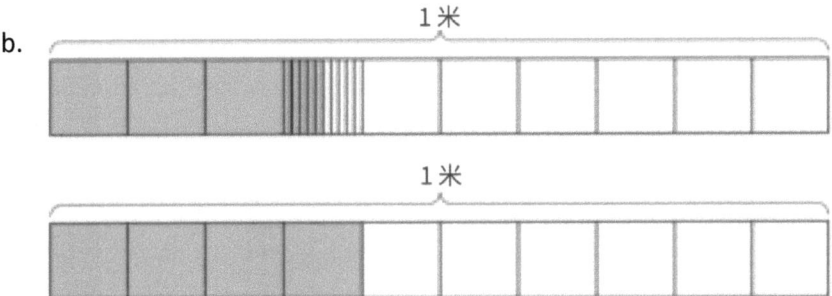

   c. 从最小到最大列出四个长度。

2. a. 查看以下 1 千克秤上每一个物品的质量。在比鳄梨重的物品上画一个 X。

b. 在数位表上表达每一个物品的质量。

水果的质量（千克）

水果	个	.	十分之一	百分位
鳄梨				
苹果				
香蕉				
葡萄				

c. 完成以下陈述，在陈述中使用*重于*或*轻于*。

鳄梨 ＿ 苹果。

一束香蕉 ＿ 一束葡萄。

3. 在以下数位表上记录每一个量筒里的水容积。

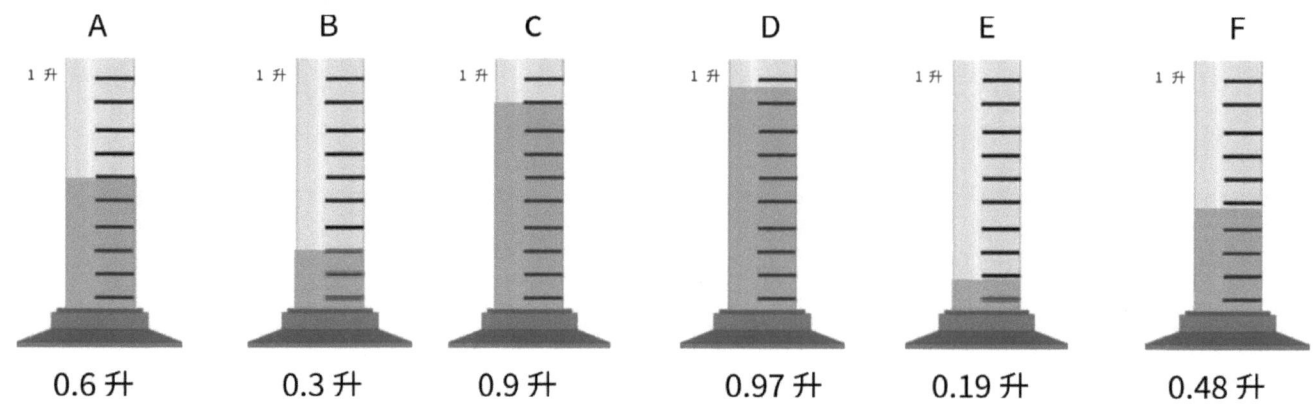

A 0.6 升
B 0.3 升
C 0.9 升
D 0.97 升
E 0.19 升
F 0.48 升

水容积（升）

圆柱体	个位数	.	十分之一	百分之一
A				
B				
C				
D				
E				
F				

用 >、< 或 = 比较各数值。

a. 0.9 L ＿ 0.6 L

b. 0.48 L ＿ 0.6 L

c. 0.3 L ＿ 0.19 L

d. 从最小到最大，写出每一个量筒里面的水容积。

姓名 _____ 日期 _____

1. a. 道格测量三根绳子的长度并涂黑带形图以代表每一根绳子的长度，如下所示。以小数形式表达每一根绳子的长度。

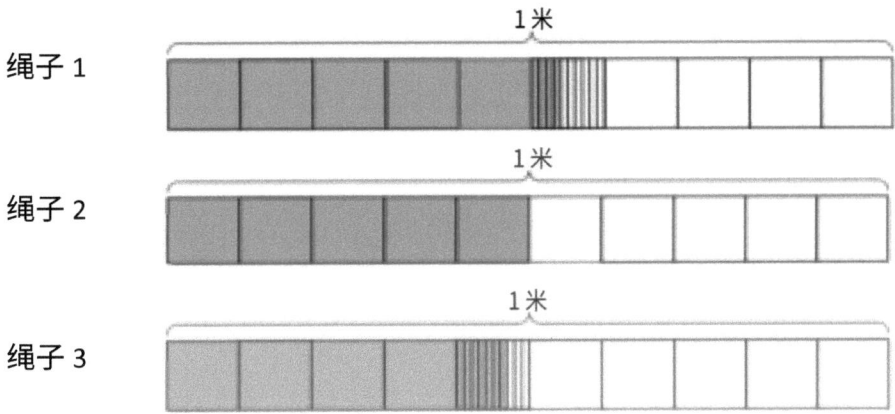

b. 从最长到最短列出各根绳子的长度。

2. 使用 >、< 或 = 比较以下数值。

   a. 0.8 kg __ 0.6 kg

   b. 0.36 kg __ 0.5 kg

   c. 0.4 kg __ 0.47 kg

单位的故事

米袋质量（千克）

米袋	个	.	十分之一	百分位
A				
B				
C				
D				

液体容积（升）

圆柱体	个	.	十分之一	百分位
A				
B				
C				
D				

测量记录

第 9： 使用数位表和公制测量来比较小数和回答比较问题。

在科学课中，艾美莉的 1 升烧杯内有 0.3 升水。艾丽的烧杯内有 0.8 升水，而卡蒂的烧杯内有 0.63 升水。谁可用把自己所有水倒进艾美莉的烧杯而不会超过 1 升：艾丽还是卡蒂？

阅读　　　　　绘画　　　　　编写

姓名 _____ 日期 _____

1. 涂黑以下面积模型并按需要分解十分之一以代表成对的小数数字。用 <、> 或 = 来填空以比较小数数字。

   a. 0.23 __ 0.4

   b. 0.6 __ 0.38

   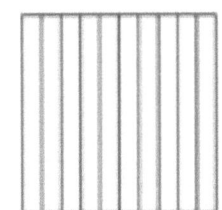 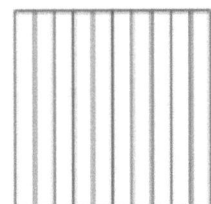

   c. 0.09 __ 0.9

    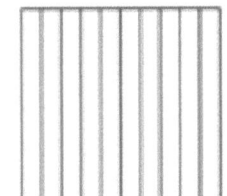

   c. 0.70 __ 0.7

   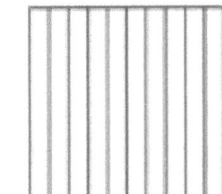 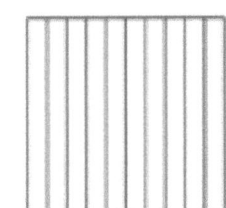

2. 在数字线上找出并标签每一个小数数字的点。
   用 <、> 或 = 来填空以比较小数数字。

   a. 10.03 __ 10.3

   b. 12.68 __ 12.8

3. 用符号 <、> 或 = 来比较。

   a. 3.42 __ 3.75

   b. 4.21 __ 4.12

   c. 2.15 __ 3.15

   d. 4.04 __ 6.02

   e. 12.7 __ 12.70

   f. 1.9 __ 1.21

4. 用符号 <、> 或 = 来比较。按需要用图画来解题。

   a. 23 个十分之一 __ 2.3

   b. 1.04 __ 1 个一和 4 个十分之一

   c. 6.07 __ $6\frac{7}{10}$

   d. 0.45 __ $\frac{45}{10}$

   e. $\frac{127}{100}$ __ 1.72

   f. 6 个十分之一 __ 66 个百分之一

单位的故事 第10课课堂反馈条 4•6

姓名 _____ 日期 _____

1. 雷恩说 0.6 小于 0.60，因为它的数位比较少。杰茜说 0.6 大于 0.60。谁是对的? 为什么? 用以下面积模型来帮助解释你的答案。

0.6 __ 0.60

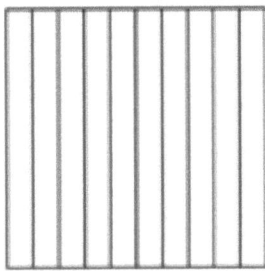 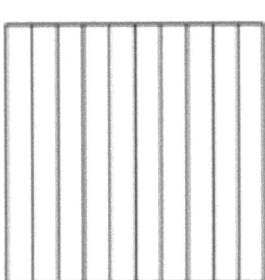

2. 用符号 <、> 或 = 来比较。

   a. 3.9 __ 3.09

   b. 2.4 __ 2 个一和 4 个百分之一

   c. 7.84 __ 78 个十分之一和 4 个百分之一

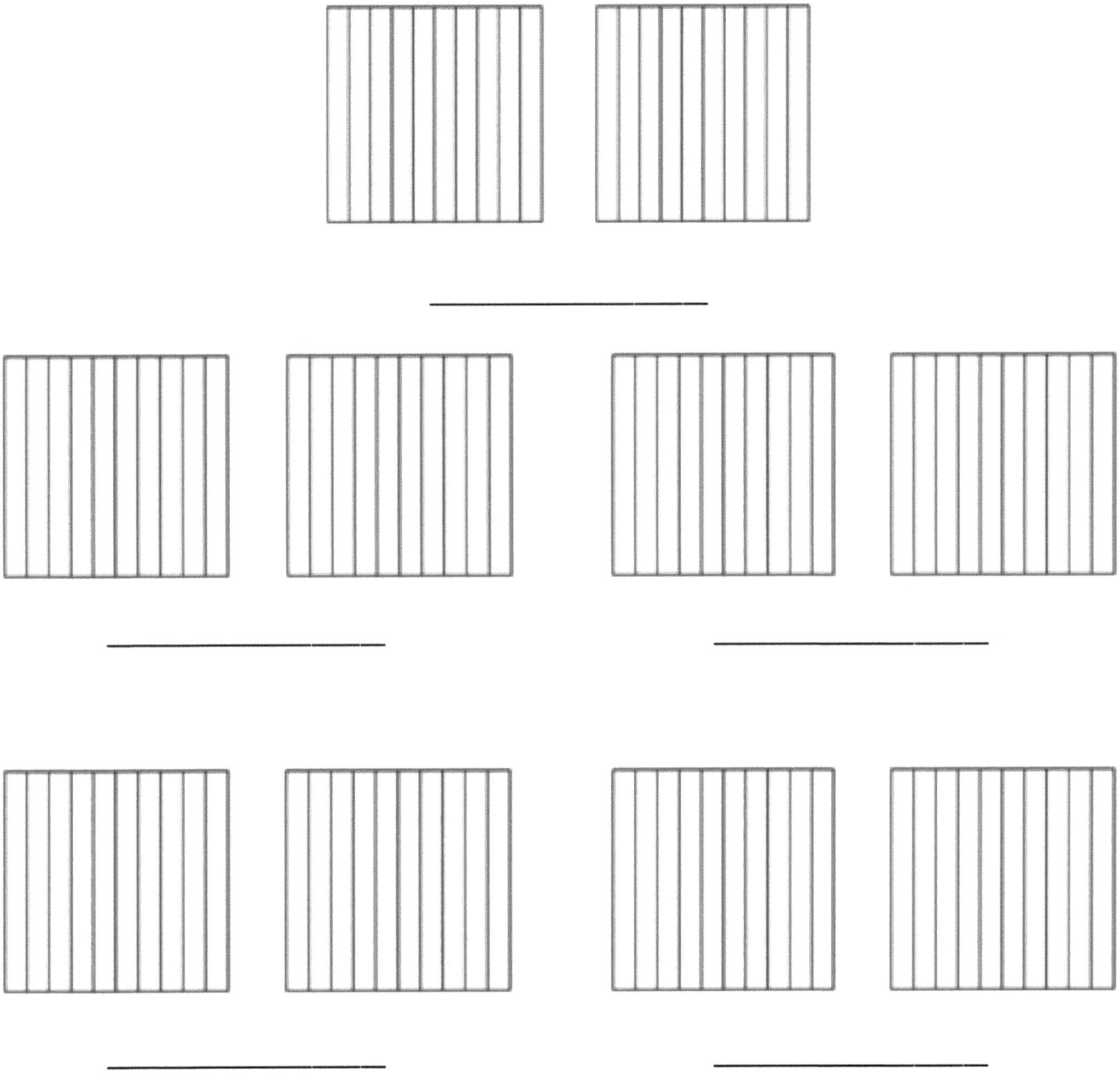

用面积模型来比较

第10课: 使用面积模型和数字线比较小数数字，并使用 <、> 和 = 记录比较结果。

琦坎莎在缝制布料,她剪出了 3 条颜色布料:2.8 英尺的黄色布条,2.08 英尺的橙色布条和 2.25 英尺的红色布条。

她把最短的一条布条放在抽屉里,然后把另外 2 条布条并排放在桌子上。画出一个带形图来比较桌子上的布条的长度。哪一条比较长?

阅读　　　　绘画　　　　编写

第十:　　比较和排序各种形式的带分数。

姓名 _____   日期 _____

1. 在数字线上画出以下各点。

   a. $0.2, \frac{1}{10}, 0.33, \frac{12}{100}, 0.21, \frac{32}{100}$

   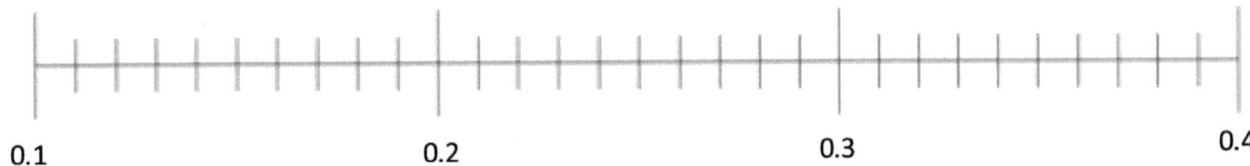

   b. $3.62, 3.7, 3\frac{85}{100}, \frac{38}{10}, \frac{364}{100}$

   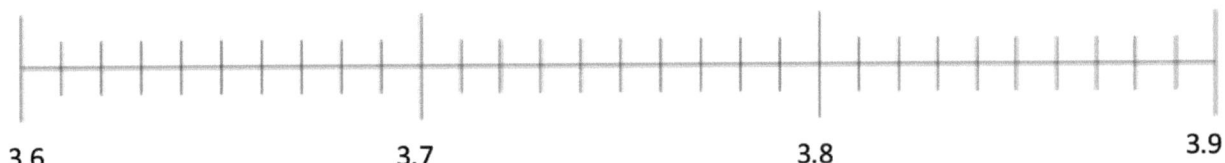

   c. $6\frac{3}{10}, 6.31, \frac{628}{100}, \frac{62}{10}, 6.43, 6.40$

   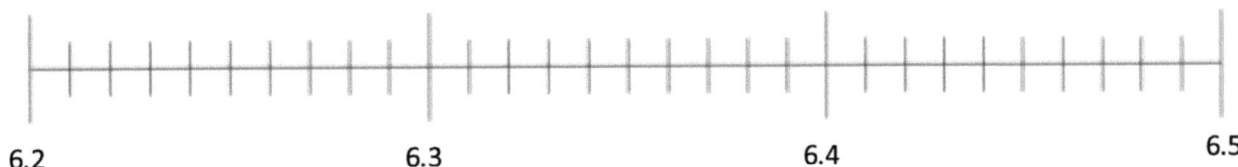

2. 用小数形式，从最大到最小顺序排列以下数字。在每个数字之间使用 > 符号。

   a. $\frac{27}{10}$, 2.07, $\frac{27}{100}$, $2\frac{71}{100}$, $\frac{227}{100}$, 2.72

   b. $12\frac{3}{10}$, 13.2, $\frac{134}{100}$, 13.02, $12\frac{20}{100}$

   c. $7\frac{34}{100}$, $7\frac{4}{10}$, $7\frac{3}{10}$, $\frac{750}{100}$, 75, 7.2

3. 在一次跳远比赛中，朗达跳了 1.64 米。玛丽跳了 $1\frac{6}{10}$ 米。克莉跳了 $\frac{94}{100}$ 米。米雪跳了 1.06 米。谁跳得最远？

4. 十二月份下了 $2\frac{3}{10}$ 英尺雪。一月份下了 2.14 英尺雪。二月份下了 $2\frac{19}{100}$ 英尺雪，而三月份下了 $1\frac{1}{10}$ 英尺雪。哪一个月份最大雪？哪一个月份最小雪？

姓名 _____ 日期 _____

1. 以小数形式在数字线上画出以下各点。

   1 个一和 1 个十分之一, $\frac{13}{10}$, 1 个一和 20 个百分之一, $\frac{129}{100}$, 1.11, $\frac{102}{100}$

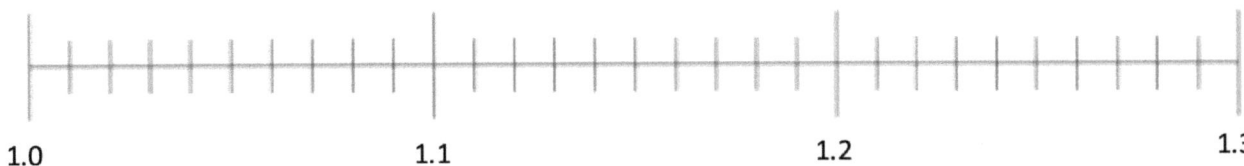

2. 用小数形式，从最大到最小顺序排列以下数字。在每个数字之间使用 > 符号。

   5.6, $\frac{605}{100}$, 6.15, $6\frac{56}{100}$, $\frac{516}{100}$, 个一和 5 个十分之一

第 11 课： 比较和排序各种形式的带分数。

星期一下了 $1\frac{7}{8}$ 英寸雨。星期二下了 $\frac{1}{4}$ 英寸雨。两天的总降雨量是多少？

_____
_____
_____
_____

阅读　　　　绘画　　　　编写

第十：　　应用分数等值的理解来加十分之一和百分之一。

姓名 _____   日期 _____

1. 通过用百分之一来表达每一部分以完成数字算式。用数位表来建模，如部分(a)所示。

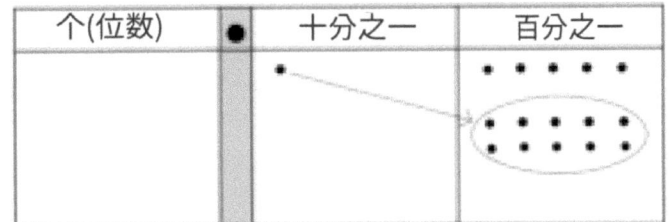

a. 1 个十分之一 + 5 个百分之一
= _____ 个百分之一

b. 2 个十分之一 + 1 个百分之一
= _____ 个百分之一

c. 1 个十分之一 + 12 个百分之一
= _____ 个百分之一

2. 在解题前把所有加数转换成百分之一然后解题。

   a. 1 个十分之一 + 3 个百分之一 = _____ 个百分之一 + 3 个百分之一 = _____ hundredths

   b. 5 个十分之一 + 12 个百分之一 = _____ 个百分之一 + _____ 个百分之一 = _____ 个百分之一

   c. 7 个十分之一 + 27 个百分之一 = _____ 个百分之一 + _____ 个百分之一 = _____ 个百分之一

   d. 37 个百分之一 + 7 个十分之一 = _____ 个百分之一 + _____ 个百分之一 = _____ 个百分之一

3. 求总和。按需要把十分之一转换成百分之一。以小数形式写出答案。

   a. $\frac{2}{10} + \frac{8}{100}$

   b. $\frac{13}{100} + \frac{4}{10}$

   c. $\frac{6}{10} + \frac{39}{100}$

   d. $\frac{70}{100} + \frac{3}{10}$

4. 解题。以小数形式写出答案。

   a. $\frac{9}{10} + \frac{42}{100}$

   b. $\frac{70}{100} + \frac{5}{10}$

   c. $\frac{68}{100} + \frac{8}{10}$

   d. $\frac{7}{10} + \frac{87}{100}$

5. 烧杯 A 有 $\frac{63}{100}$ 升碘。剩下的部分以水填满至 1 升。烧杯 B 有 $\frac{4}{10}$ 升碘。剩下的部分以水填满至 1 升。如果把两个烧杯都倒进一个大烧杯里，大烧杯会有多少升碘？

姓名 _____ 日期 _____

1. 通过用百分之一来表达每一部分以完成数字算式。使用数位表来建模。

个(位数)	十分之一	百分之一

1 个十分之一 + 9 个百分之一

= _____ 个百分之一

2. 求总和。以小数形式写出答案。

$$\frac{4}{10} + \frac{73}{100}$$

个(位数)	●	十分之一	百分之一

面积模型和数位表

应用分数等值的理解来加十分之一和百分之一。

单位的故事　　　　　　　　　　　　　　　　　　　　　　　第十三课问题集　4•6

姓名 _____　　日期 _____

1. 解题。求总和前先把十分之一转换成百分之一。把完整算式重新写成小数形式。问题 1(a) 和 1(b) 已部分为你完成。

   a. $2\frac{1}{10} + \frac{3}{100} = 2\frac{10}{100} + \frac{3}{100} = $ _____

   $2.1 + 0.03 = $ _____

   b. $2\frac{1}{10} + 5\frac{3}{100} = 2\frac{10}{100} + 5\frac{3}{100} = $ _____

   c. $3\frac{24}{100} + \frac{7}{10}$

   d. $3\frac{24}{100} + 8\frac{7}{10}$

2. 解题。然后，以小数形式写出完整算式。

   a. $6\frac{9}{10} + 1\frac{10}{100}$

   b. $9\frac{9}{10} + 2\frac{45}{100}$

   c. $2\frac{4}{10} + 8\frac{90}{100}$

   d. $6\frac{37}{100} + 7\frac{7}{10}$

第十：　　通过转换成分数形式来加小数数字。

3. 通过把表达式重新写成分数形式来解题。解题后,把算式重新写成小数形式。

a. 6.4 + 5.3	b. 6.62 + 2.98
c. 2.1 + 0.94	d. 2.1 + 5.94
e. 5.7 + 4.92	f. 5.68 + 4.9
g. 4.8 + 3.27	h. 17.6 + 3.59

单位的故事 第13课 退出票 4•6

姓名 _____ 日期 _____

通过把表达式重新写成分数形式来解题。解题后,把算式重新写成小数形式。

1. 7.3 + 0.95

2. 8.29 + 5.9

第13: 通过转换成分数形式来加小数数字。

姓名 _____ 日期 _____

1. 桶 A 有 2.7 升水。桶 B 有 3.09 升水。两个桶总共有多少水？

2. 亚莉莎在一个星期跑了 15.8 千米，在下一个星期跑了 17.34 千米。她在两个星期总共跑了多远？

3. 某苹果园在早上卖了 140.5 千克苹果，而在下午卖的苹果比起在上午卖的苹果多 15.85 千克。当天卖出了多少千克苹果？

4. 一个三人队伍跑了一场接力赛。最后一位跑手的时间最快，跑了 29.2 秒。中间的跑手比最后一位跑手的时间慢 1.89 秒。起初的跑手的比中间的跑手的时间慢 0.9 秒。该队伍的总比赛时间是多少？

姓名 _____   日期 _____

雅莉斯在星期六跑了 6.43 千米，在星期天跑了 5.6 千米。她在星期六和星期天总共跑了多少千米？

一天结束时,卡密伦数了他口袋里的钱。他数到 7 个一分钱、2 个一角钱和 2 个二十五分钱。请写下卡密伦的口袋里总共有多少分钱。

_____

_____

_____

_____

阅读　　　　　绘画　　　　　编写

第15课：　　以小数数字表达各种给定形式的金额。

姓名 _____   日期 _____

1. 100 分钱 = $____._____   100¢ = $\frac{}{100}$ 美元

2. 1 分钱 = $____._____   1¢ = $\frac{}{100}$ 美元

3. 6 分钱 = $____._____   6¢ = $\frac{}{100}$ 美元

4. 10 分钱 = $____._____   10¢ = $\frac{}{100}$ 美元

5. 26 分钱 = $____._____   26¢ = $\frac{}{100}$ 美元

6. 10 角钱 = $____._____   100¢ = $\frac{}{10}$ 美元

7. 1 角钱 = $____._____   10¢ = $\frac{}{10}$ 美元

8. 3 角钱 = $____._____   30¢ = $\frac{}{10}$ 美元

9. 5 角钱 = $____._____   50¢ = $\frac{}{10}$ 美元

10. 6 角钱 = $____._____   60¢ = $\frac{}{10}$ 美元

11. 4 个二十五分钱 = $____._____   100¢ = $\frac{}{100}$ 美元

12. 1 个二十五分钱 = $____._____   25¢ = $\frac{}{100}$ 美元

13. 2 个二十五分钱 = $____._____   50¢ = $\frac{}{100}$ 美元

14. 3 个二十五分钱 = $____._____   75¢ = $\frac{}{100}$ 美元

第十：   以小数数字表达各种给定形式的金额。

解题。 以分数和小数形式写出总金额。

15. 3 角钱和 8 分钱

16. 8 角钱和 23 分钱

17. 3 个二十五分钱、3 角钱和 5 分钱

18. 236 分钱是一美元的几分之几？

解题。 以小数表达答案。

19. 2 美元 17 分钱 + 4 美元 2 个二十五分钱

20. 3 美元 8 角钱 + 1 美元 2 个二十五分钱 5 分钱

21. 9 美元 9 角钱 + 4 美元 3 个二十五分钱 16 分钱

姓名 _____ 日期 _____

解题。 以分数和小数形式写出总金额。

1. 2 个二十五分钱和 3 角钱

2. 1 个二十五分钱 7 角钱和 23 分钱

解题。 以小数表达答案。

3. 2 美元 1 个二十五分钱 14 分钱 + 3 美元 2 个二十五分钱 3 角钱

姓名 _____ 日期 _____

使用RDW流程解题。以小数形式写出答案。

1. 米高有 1 张一美元钞票、2 角钱和 7 分钱。约翰有 2 张一美元钞票、3 个二十五分钱和 9 分钱。两个男孩总共有多少钱？

2. 崇琳需要 7 美元 13 分钱来买一本书。她在钱包里找到 3 张一美元钞票、4 角钱和 14 分钱。崇琳还需要多少钱才能买那本书？

3. 范妮莎有 6 角钱和 2 分钱。约靳有 1 美元、3 角钱和 5 分钱。占美有 5 美元和 7 分钱。他们想把钱合并起来买一个价值 $8.00 的游戏。他们有足够的钱来买那个游戏吗？如果不够，他们还需要多少钱？

第十： 解决涉及金额的文字题。

4. 一支笔价值 $2.29。一台计算器的价值是一支笔的 3 倍。一支笔和一台计算器总共价值多少？

5. 克莉丝塔有 7 美元和 32 分钱。玛莱丽有 2 美元和 4 分钱。克莉丝塔要给玛莱丽多少钱，两个人才会有相同的金额？

姓名 _____ 日期 _____

使用RDW流程解题。以小数形式写出答案。

大卫的妈妈告诉他，他可以保存他在家里沙发下面找到的所有钱。大卫找到 6 个二十五分钱、4 角钱和 26 分钱。大卫总共找到多少钱？

4 年级

模块 7

姓名 _____   日期 _____

a.

磅	盎司
1	
2	
3	
4	
5	
6	
7	
8	
9	
10	

把磅转换成盎司的规则是 _____。

b.

码	英尺
1	
2	
3	
4	
5	
6	
7	
8	
9	
10	

把码转换成英尺的规则是 _____。

c.

英尺	英寸
1	
2	
3	
4	
5	
6	
7	
8	
9	
10	

把英尺转换成英寸的规则是 _____。

第 1： 使用测量工具来创建长度、重量和容量单位的换算表，并使用这些图表来解决问题。

单位的故事 第 1 课 问题集 4•7

姓名 _____ 日期 _____

使用读-画-写流程来解答问题 1–3。

1. 伊凡把一个 2 磅的秤陀放了在天秤的一边。他要在另一边放多少个 1 盎司的秤陀才可以让两边相等？

2. 祖里斯把一个 3 磅的秤陀放了在天秤的一边。亚贝把 35 个 1 盎司的秤陀放了在另外一边。亚贝还要放多少个 1 盎司秤陀才可以令天秤平衡？

3. 尤普顿太太的婴孩重 5 磅 4 盎司。这个婴儿重多少盎司？

4. 完成以下转换表，并在每一个转换表下面写出规则。

a.

磅	盎司
1	
3	
7	
10	
17	

把磅转换成盎司的规则是 _____。

第 1： 使用测量工具来创建长度、重量和容量单位的换算表，并使用这些图表来解决问题。

Copyright © Great Minds PBC

b.

英尺	英寸
1	
2	
5	
10	
15	

把英寸转换成英尺的规则是

_____。

c.

码	英尺
1	
2	
4	
10	
14	

_____。

5. 解题。

   a. 3 英尺 1 英寸 = _____ 英寸

   b. 11 英尺 10 英寸 = _____ 英寸

   c. 5 码 1 英尺 = _____ 英尺

   d. 12 码 2 英尺 = _____ 英尺

   e. 27 磅 10 盎司 = _____ 盎司

   f. 18 码 9 英尺 = _____ 英尺

   g. 14 磅 5 盎司 = _____ 盎司

   h. 5 码 2 英尺 = _____ 英寸

6. 回答以下陈述是*正确*还是*错误*。如果陈述是错误的，请改变比较式的右边来使陈述正确。

   a. 2 千克 > 2600 克 _____

   b. 12 英尺 < 140 英寸 _____

   c. 10 千米 = 10000 米 _____

姓名 _____ 日期 _____

1. 解题。

   a. 8 英尺 = ___ 英寸

   b. 4 码 2 英尺 = _____ 英尺

   c. 14 磅 7 盎司 = _____ 盎司

2. 回答以下陈述是*正确*还是*错误*。如果陈述是错误的，请改变比较式的右边来使陈述正确。

   a. 3 磅 > 60 盎司　　　　　　_____

   b. 12 码 < 40 英尺　　　　　　_____

姓名 _____ 日期 _____

a.

加仑	夸脱
1	
2	
3	
4	
5	
6	
7	
8	
9	
10	

把加仑转换成夸脱的规则是 _____。

b.

夸脱	品脱
1	
2	
3	
4	
5	
6	
7	
8	
9	
10	

把夸脱转换成品脱的规则是 _____。

c.

品脱	杯
1	
2	
3	
4	
5	
6	
7	
8	
9	
10	

把品脱转换成杯的规则是 _____。

d. 1 加仑 = ____ 品脱

1 夸脱 = ____ 杯

1 加仑 = ____ 杯

姓名 _____ 日期 _____

使用读-画-写流程来解答问题 1–3。

1. 苏茜有 3 夸脱牛奶。她有多少品脱牛奶？

2. 克莉斯婷有 3 加仑 2 夸脱水。亚伦娜需要相同份量的水，但她只有 8 夸脱。亚伦娜还需要多少夸脱的水？

3. 里安纳德有 4 升橙汁。他有多少毫升橙汁？

4. 完成以下转换表，并在每一个转换表下面写出规则。

a.

加仑	夸脱
1	
3	
5	
10	
13	

把加仑转换成夸脱的规则是 _____。

b.

夸脱	品脱
1	
2	
6	
10	
16	

把夸脱转换成品脱的规则是 _____

5. 解题。

   a. 8 加仑 2 夸脱 = _____ 夸脱

   b. 15 加仑 2 夸脱 = _____ 夸脱

   c. 8 夸脱 2 品脱 = _____ 品脱

   d. 12 夸脱 3 品脱 = _____ 杯

   e. 26 加仑 3 夸脱 = _____ 品脱

   f. 32 加仑 2 夸脱 = _____ 杯

6. 回答以下陈述是正确还是错误。如果陈述是错误的，请改变陈述使它正确。

   a. 1 加仑 > 4 夸脱 _____

   b. 5 升 = 5000 毫升 _____

   c. 15 品脱 < 1 加仑 1 杯 _____

7. 罗素有 5 升药物。如果一剂药是 2 毫升，他可以制造多少剂药？

8. 每个月，摩尔一家喝 16 加仑牛奶，而斯利尔一家喝 44 夸脱牛奶。哪一家每个月喝牛奶比较多？

9. 基夫的柠檬水店用 1 杯容量的杯子卖柠檬 如果他有 9 加仑柠檬水，他可以卖多少杯？

单位的故事　　　　　　　　　　　　　　　　　　　　　　　　　　第 2 课 退出票　4•7

姓名 _____　　　日期 _____

1. 完成这张表。

夸脱	杯
1	
2	
4	

2. 博妮的医生建议她每天喝 2 杯牛奶。假如她买了 3 夸脱牛奶,她的牛奶是不是足够她喝 1 星期？解释你怎么知道的。

第 2:　　使用测量工具来创建长度、重量和容量单位的换算表,并使用这些图表来解决问题。

单位的故事　　　　　　　　　　　　　　　　　　　　　　　第 3 课练习页　4•7

姓名 _____　　　　　日期 _____

a.

分钟	秒
1	
2	
3	
4	
5	
6	
7	
8	
9	
10	

把分钟转换成秒钟的规则是 _____。

b.

小时	分钟
1	
2	
3	
4	
5	
6	
7	
8	
9	
10	

把小时转换成分钟的规则是 _____。

c.

天	小时
1	
2	
3	
4	
5	
6	
7	
8	
9	
10	

把天数转换成小时的规则是 _____。

第 3：　　创建时间单位的转换表，并用这些转换表来解题。

单位的故事

姓名 _____ 日期 _____

使用读-画-写流程来解答问题 1–2。

1. 科特妮要在早上 8:00 前出门。如果她早上 6:00 醒来,她有多少分钟来准备出门? 使用数轴展示你的操作。

2. 乔里安娜的目标是在 6 小时内跑完一个马拉松。她的目标是多少分钟?

3. 完成以下转换表,并在每一个转换表下面写出规则。

a.

小时	分钟
1	
3	
6	
10	
15	

把小时转换成分钟的规则和把天数转换成小时的规则是

_____.

b.

天	小时
1	
2	
5	
7	
10	

分钟转换成秒钟是

_____。

4. 解题。

   a. 9 小时 30 分钟 = _____ 分钟

   b. 7 分钟 45 秒钟 = _____ 秒钟

   c. 9 天 20 小时 = _____ 小时

   d. 22 分钟 27 秒钟 = _____ 秒钟

   e. 13 天 19 小时 = _____ 小时

   f. 23 小时 5 分钟 = _____ 分钟

5. 解释你如何解答问题 4(f)。

6. 14 分 43 秒有多少秒？

7. 4 星期 3 天有多少小时？

姓名 _____   日期 _____

阿波罗 17 号宇航员总共用了 22 小时 4 分钟来完成 3 次月球慢步。他们在太空里慢步了多少分钟？

姓名 _____ 日期 _____

使用读-画-写流程求解以下习题。

1. 贝芙每星期可以看 2 小时电视。她的姐姐有 2 倍看电视时间。贝芙的姐姐可以看多少分钟电视？

2. 克里的体重是他的小婴孩妹妹的 9 倍。克里体重 63 磅。他的小婴孩妹妹体重多少盎司？

3. 海伦有 4 码绳子。丹尼尔的绳子是海伦的 4 倍。丹尼尔的绳子比海伦的绳子长多少英尺？

4. 一台洗碗机每次洗涤要用 11 升水。一台洗衣机每次洗衣所用的水是洗碗机的 5 倍。两台机器加起来，每次洗涤总共要用多少毫升水？

5. 载丝买了 2 磅苹果。她买的土豆重量是苹果的 3 倍。她买的蜜瓜重量比土豆轻 10 盎司。蜜瓜的重量是多少盎司？

姓名 _____   日期 _____

使用读-画-写流程求解以下习题。

布莱恩有一个重 3 磅的蜜瓜。他把蜜瓜切成六个等份。每一块重多少盎司？

姓名 _____ 日期 _____

1. a. 标签以下带形图的余下部分。求解未知数。

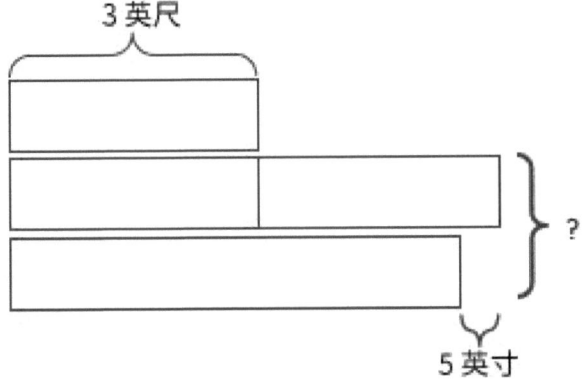

b. 写出你自己的、可以用以下图表来解答的一个问题。

2. 用以下图表创建你自己的问题，并求解未知数。

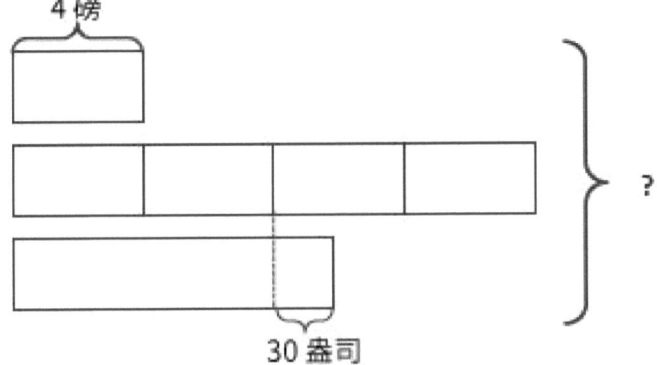

姓名 _____ 日期 _____

凯特琳在星期一跑了 1680 英尺，在星期二跑了 2340 英尺。她在那两天内跑了多少码？

同学:		问题数::	
我同学采用的策略:			
我同学做得好的事情:			
改进的建议:			
根据同学的作业,我会怎样改进我的作业:			

同学:		问题数::	
我同学采用的策略:			
我同学做得好的事情:			
改进的建议:			
根据同学的作业,我会怎样改进我的作业:			

同学分享和评论表

第五: 分享并评论同学的策略。

单位的故事　　　　　　　　　　　　　　　　　　　　　　　　　　第 6 课 问题集　4•7

姓名 _____　　日期 _____

1. 判断以下的总和及差距。展示你的解题方法。

   a. 3 夸脱 + 1 夸脱 = _____ 加仑

   b. 2 加仑 1 夸脱 + 3 夸脱 = _____ 加仑

   c. 1 加仑 – 1 夸脱 = _____ 夸脱

   d. 5 加仑 – 1 夸脱 = _____ 加仑 _____ qt

   e. 2 杯 + 2 杯 = _____ 夸脱

   f. 1 夸脱 1 品脱 + 3 品脱 = _____ 夸脱

   g. 2 夸脱 – 3 品脱 = _____ 品脱

   h. 5 夸脱 – 3 杯 = _____ 夸脱 _____ 杯

2. 寻找以下的总和及差距。展示你的解题方法。

   a. 6 加仑 3 夸脱 + 3 夸脱 = ___ 加仑 ___ 夸脱

   b. 10 加仑 3 夸脱 + 3 加仑 3 夸脱 = ___ 加仑 ___ 夸脱

   c. 9 加仑 1 品脱 – 2 品脱 = ___ 加仑 ___ 品脱

   d. 7 加仑 1 品脱 – 2 加仑 7 品脱 = ___ 加仑 ___ 品脱

   e. 16 夸脱 2 杯 + 4 杯 = ___ 夸脱 ___ 杯

   f. 6 加仑 5 品脱 + 3 加仑 3 品脱 = ___ 加仑 ___ 品脱

第 6：　　解答涉及混合容量单位的问题。

3. 某水瓶的容量是 3 夸脱。现在它有 1 夸脱 3 杯液体。这个水瓶还可以放多少液体？

4. 朵露丝根据下表的食谱制作她祖母的樱桃柠檬水。

   a. 这个食谱可以制作多少柠檬水？

樱桃柠檬水	
成分	量
柠檬汁	5 品脱
糖浆	2 杯
水	1 加仑 1 夸脱
樱桃汁	3 夸脱

   b. 朵露丝还可以在食谱中加多少杯水来制作完整加仑的柠檬水？

姓名 _____ 日期 _____

1. 寻找以下的总和及差距。展示你的解题方法。

   a. 7 加仑 2 夸脱 + 3 加仑 3 夸脱 = ___ 加仑 ___ 夸脱

   b. 9 加仑 1 夸脱 − 5 加仑 3 夸脱 = ___ 加仑 ___ 夸脱

2. 杰森把 1 加仑 1 夸脱水倒进一个容量为 2 加仑的空桶子里。还可以加多少水来灌满这个 2 加仑容量的桶子？

萨曼莎正在为班级野餐制作混合果汁。她班上有 26 个学生。萨曼莎用 1 加仑 2 夸脱的橙汁、3 夸脱的柠檬水和 1 加仑 3 夸脱的气泡水。萨曼莎制作了多少混合果汁？有没有足够混合果汁让每个学生拿到两份 1 杯容积的果汁？

阅读　　　　绘画　　　　编写

姓名 _____ 日期 _____

1. 判断以下的总和及差距。展示你的解题方法。

   a. 1 英尺 + 2 英尺 = _____ 码

   b. 3 码 1 英尺 + 2 英尺 = _____ 码

   c. 1 码 − 1 英尺 = _____ 英尺

   d. 8 码 − 1 英尺 = _____ 码 _____ 英尺

   e. 3 英寸 + 9 英寸 = _____ 英尺

   f. 6 英寸 + 9 英寸 = _____ 英尺 _____ 英寸

   g. 1 英尺 − 8 英寸 = _____ 英寸

   h. 5 英尺 − 8 英寸 = _____ 英尺 _____ 英寸

2. 寻找以下的总和及差距。展示你的解题方法。

   a. 5 码 2 英尺 + 2 英尺 = ___ 码 ___ 英尺

   b. 7 码 2 英尺 + 2 码 2 英尺 = ___ 码 ___ 英尺

   c. 4 码 1 英尺 − 2 英尺 = ___ 码 ___ 英尺

   d. 6 码 1 英尺 − 2 码 2 英尺 = ___ 码 ___ 英尺

   e. 6 英尺 9 英寸 + 4 英寸 = ___ 英尺 ___ 英寸

   f. 4 英尺 4 英寸 + 3 英尺 11 英寸 = ___ 英尺 ___ 英寸

   g. 34 英尺 4 英寸 − 8 英寸 = ___ 英尺 ___ 英寸

   h. 7 英尺 1 英寸 − 5 英尺 10 英寸 = ___ 英尺 ___ 英寸

3. 马修身高 6 英尺 2 英寸。他的表妹艾玛身高 3 英尺 6 英寸。马修比艾玛高多少?

4. 在体育课里,杰里德在绳子上爬了 10 英尺 4 英寸。然后,他继续往上爬了 3 英尺 9 英寸。杰里德总共爬了多高?

5. 一个四边形的周长是 18 英尺 22 英寸。三边的总和是 12 英尺 4 英寸。

   a. 第四边的长度是多少?

   b. 一个等边三角形的一边长度等于四边形的第四边的长度。三角形的周长是多少?

姓名 _____ 日期 _____

判断以下的总和及差距。展示你的解题方法。

1. 4 码 1 英尺 + 2 英尺 _____ 码

2. 6 码 − 1 英尺 = _____ 码 _____ 英尺

3. 4 码 1 英尺 + 3 码 2 英尺 = _____ 码

4. 8 码 1 英尺 − 3 码 2 英尺 = _____ 码 _____ 英尺

过山车旁边的指示牌说，身高必须高于 54 英寸才可以乘坐。海菲尔上次看医生的时候身高是 4 英尺 4 英寸。他后来又长高了 3 英寸。

a. 海菲尔的身高是否足够坐过山车？他的身高相比高度限制多了或少了多少英寸？

b. 海菲尔爸爸身高 6 英尺 3 英寸。他的爸爸比身高限制高多少？

阅读　　　　绘画　　　　编写

第八：　　解答涉及混合重量单位的问题。

单位的故事　　　　　　　　　　　　　　　　　　　　　　　　　　　　第8课 习题集　4•7

姓名 _____　　　日期 _____

1. 判断以下的总和及差距。展示你的解题方法。

   a. 7 盎司 + 9 盎司 = _____ 磅

   b. 1 磅 5 盎司 + 11 盎司 = _____ 磅

   c. 1 磅 – 13 盎司 = _____ 盎司

   d. 12 磅 – 4 盎司 = _____ 磅 _____ 盎司

   e. 3 磅 9 盎司 + 9 盎司 = _____ 磅 _____ 盎司

   f. 30 磅 9 盎司 + 9 磅 9 盎司 _____ 磅 _____ 盎司

   g. 25 磅 2 盎司 – 14 盎司 = _____ 磅 _____ 盎司

   h. 125 磅 2 盎司 – 12 磅 3 盎司 = _____ 磅 _____ 盎司

2. 莎拉和亚曼达两个人的背包总共重 27 磅。莎拉的背包重 15 磅 9 盎司。亚曼达的背包有多重？

第8课：　　解答涉及混合重量单位的问题。　　　　　　　　　　　　　155

3. 在艾玛的文件箱中，一根铅笔重 3 盎司。她的剪刀比铅笔重 3 盎司，而一瓶胶水的重量是剪刀的三倍。一瓶胶水重多少磅和多少盎司？

4. 使用有关祖迪的文具的信息表来回答以下问题：

   a. 在星期一，祖迪在她的背包中只放了手提计算机和文具箱。她的背包总共有多重？

| 教科书 3 磅 8 盎司 | 文件箱 1 磅 | 文件夹 2 磅 5 盎司 |
| 手提计算机 5 磅 12 盎司 | 笔记本 11 盎司 | 背包（空） 2 磅 14 盎司 |

   b. 在星期二，祖迪在她的背包中放了手提计算机、文具箱、两本笔记本和两本教科书。在星期五，祖迪只放了文件夹和文件箱。祖迪的背包在星期五比起在星期二重多少？

姓名 _____   日期 _____

判断以下的总和及差距。展示你的解题方法。

1. 4 磅 6 盎司 + 10 盎司 = _____ 磅 _____ 盎司

2. 12 磅 4 盎司 + 3 磅 14 盎司 = _____ 磅 _____ 盎司

3. 5 磅 4 盎司 − 12 盎司 = _____ 磅 _____ 盎司

4. 20 磅 5 盎司 − 13 磅 7 盎司 = _____ 磅 _____ 盎司

第 8： 解答涉及混合重量单位的问题。

姓名 _____ 日期 _____

1. 判断以下的总和及差距。展示你的解题方法。

    a. 23 分钟 + 37 分钟 = ___ 小时

    b. 1 小时 11 分钟 + 49 分钟 = ___ 小时

    c. 1 小时 – 12 分钟 = ___ 分钟

    d. 4 小时 – 12 分钟 = ___ 小时 ___ 分钟

    e. 22 秒钟 + 38 秒钟 = ___ 分钟

    f. 3 分钟 – 45 秒钟 = ____ 分钟 ___ 秒钟

2. 寻找以下的总和及差距。展示你的解题方法。

    a. 3 小时 45 分钟 + 25 分钟 = ___ 小时 ___ 分钟

    b. 2 小时 45 分钟 + 6 小时 25 分钟 = ___ 小时 ___ 分钟

    c. 3 小时 7 分钟 – 42 分钟 = ___ 小时 ___ 分钟

    d. 5 小时 7 分钟 – 2 小时 13 分钟 = ___ 小时 ___ 分钟

    e. 5 分钟 40 秒钟 + 27 秒钟 = ___ 分钟 ___ 秒钟

    f. 22 分钟 48 分钟 – 5 分钟 58 秒钟 = ___ 分钟 ___ 分钟

第九: 解答涉及混合时间单位的问题。

3. 在叠杯比赛中，第一名的完成时间是 1 分 52 秒。这成绩比第二名快 31 秒。第二名的时间是多少？

4. 杰克琳和莱切尔有 5 小时看三部电影，电影的时间长度分别是 1 小时 22 分、2 小时 12 分和 1 小时 57 分。

   a. 两位女孩有没有足够时间看完全部三部电影？解释为什么是或者为什么不是。

   b. 如果杰克琳和莱切尔决定只看最长的两部电影，而且在电影当中休息 30 分钟，她们的 5 小时会剩下多少？

姓名 _____ 日期 _____

寻找以下的总和及差距。展示你的解题方法。

1. 2 小时 25 分钟 + 25 分钟 = ___ 小时 ___ 分钟

2. 4 小时 45 分钟 + 2 小时 35 分钟 = ___ 小时 ___ 分钟

3. 11 小时 6 分钟 – 32 分钟 = ___ 小时 ___ 分钟

4. 8 小时 9 分钟 – 6 小时 42 分钟 = ___ 小时 ___ 分钟

姓名 _____ 日期 _____

使用读-画-写流程求解以下习题。

1. 苞拉在三项铁人赛的游泳时间是 1 小时 25 分钟。她的自行车时间比她的游泳时间长 5 小时。她跑了 4 小时 50 分钟。她完成比赛的所有三部分花了多少时间？

2. 诺兰在星期一在他的车子里加了 7 加仑 3 夸脱汽油，在星期天加的汽油则是这个份量的两倍。他在两天内总共加了多少汽油？

第十： 解答多步骤的测量值文字题。

3. 一个南瓜重 7 磅 12 盎司。第二个南瓜重 10 磅 4 盎司。第三个南瓜比第二个南瓜重 2 磅 9 盎司。全部三个南瓜的总重量是多少?

4. 莱恩先生身高 6 英尺 4 英寸。他的女儿玛丽比她爸爸矮 3 英尺 8 英寸。他的儿子比玛丽高 9 英寸。莱恩先生比他的儿子高多少?

姓名 _____ 日期 _____

使用读-画-写流程求解以下习题。

哈特莉花了 1 小时 20 分钟完成数学作业，花了 45 分钟完成社会研究作业，花了 30 分钟复习生词。哈特莉总共花了多少时间做作业和学习？

姓名 _____ 日期 _____

使用读-画-写流程求解以下习题。

1. 劳荏跑马拉松比艾美慢了 1 小时 15 分钟，而艾美用了 2 小时 20 分钟。卡茜比劳荏慢 35 分钟。卡茜跑马拉松用了多少时间？

2. 厨师乔的冷冻柜里有 8 磅 4 盎司牛绞肉。这是他需要用来为派对制作汉堡包的份量的 $\frac{1}{3}$。如果他制作一个汉堡包需要 4 盎司牛肉，他打算制作多少个汉堡包？

第11课： 解答多步骤的测量值文字题。

3. 莎拉每天阅读 1 小时 17 分钟，阅读了 6 天。如果她读每一页要 3 分钟，她在 6 天内阅读了多少页？

4. 第 3、4 和 5 年级一起举行周年旅行。每一个班级获得 16 加仑水。如果总共有 350 个学生，有没有足够的水让每一个学生得到 2 杯水？

姓名 _____ 日期 _____

使用读-画-写流程求解以下习题。

上星期,祖迪花在锻炼上的时间比桑迪少 1 小时 15 分钟。桑迪花的时间比玛丽少 50 分钟,而玛丽锻炼了 3 小时。祖迪锻炼了多少时间?

一块矩形板块宽 1 英尺 6 英寸，长 2 英尺。板块的周长是多少？

_____

_____

_____

_____

阅读　　　　　绘画　　　　　编写

第十：　　　使用测量工具，把带分数测量值转换成较小的单位。

姓名 _____ 日期 _____

1. 画一个带形图来显示 1 码分成 3 个等份。

   a. $\frac{1}{3}$ 码 = _____ 英尺

   b. $\frac{2}{3}$ 码 = _____ 英尺

   c. $\frac{\square}{\square}$ 码 = _____ 英尺

2. 画一个带形图来显示 $2\frac{2}{3}$ 码 = 8 英尺。

3. 画一个带形图来显示 $\frac{3}{4}$ 加仑 = 3 夸脱。

4. 画一个带形图来显示 $3\frac{3}{4}$ 加仑 = 15 夸脱。

5. 用你认为最适合的工具来解题。

   a. $\frac{1}{12}$ 英尺 = _____ 英寸

   b. $\frac{\overline{12}}{}$ 英尺 = $\frac{1}{2}$ 英尺 = _____ 英寸

   c. $\frac{\overline{12}}{}$ 英尺 = $\frac{1}{4}$ 英尺 = _____ 英寸

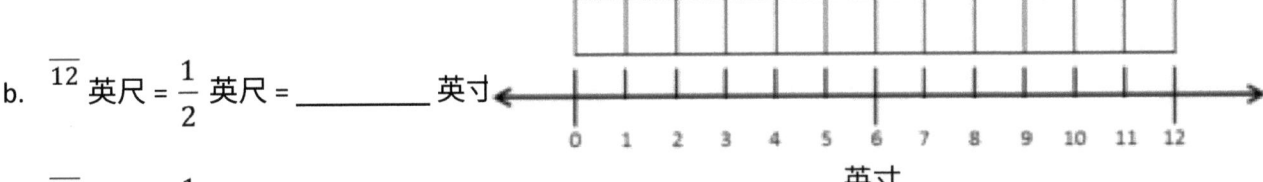

d. $\overline{12}$ 英尺 = $\frac{3}{4}$ 英尺 = _____ 英寸

e. $\overline{12}$ 英尺 = $\frac{1}{3}$ 英尺 = _____ 英寸

f. $\overline{12}$ 英尺 = $\frac{2}{3}$ 英尺 = _____ 英寸

6. 解题。

a. $1\frac{1}{3}$ 码 = _____ 英尺	b. $4\frac{2}{3}$ 码 = _____ 英尺
c. $2\frac{1}{2}$ 加仑 = _____ 夸脱	d. $7\frac{3}{4}$ 加仑 = _____ 夸脱
e. $1\frac{1}{2}$ 英尺 = _____ 英寸	f. $6\frac{1}{2}$ 英尺 = _____ 英寸
g. $1\frac{1}{4}$ 英尺 = _____ 英寸	h. $6\frac{1}{4}$ 英尺 = _____ 英寸

姓名 _____ 日期 _____

1. 用你认为最适合的工具来解题。

    a. 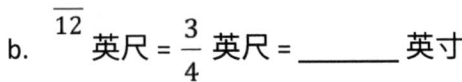 英尺 = $\frac{1}{2}$ 英尺 = _____ 英寸

    b. $\overline{12}$ 英尺 = $\frac{3}{4}$ 英尺 = _____ 英寸

2. 解题。

    a. $1\frac{1}{3}$ 码 = _____ 英尺

    b. $5\frac{3}{4}$ 加仑 = _____ 夸脱

米卡用了 $3\frac{3}{4}$ 加仑油漆来刷他的浴室。他用了 3 倍的油漆来刷他的卧室。他刷卧室用了多少夸脱的油漆？

阅读 绘画 编写

姓名 _____ 日期 _____

1. 解题。

   a. $\frac{1}{16}$ 磅 = _____ 盎司

   b. $\frac{\overline{}}{16}$ 磅 = $\frac{1}{2}$ 磅 = _____ 盎司

   c. $\frac{\overline{}}{16}$ 磅 = $\frac{1}{4}$ 磅 = _____ 盎司

   d. $\frac{\overline{}}{16}$ 磅 = $\frac{3}{4}$ 磅 = _____ 盎司

   e. $\frac{\overline{}}{16}$ 磅 = $\frac{1}{8}$ 磅 = _____ 盎司

   f. $\frac{\overline{}}{16}$ 磅 = $\frac{3}{8}$ 磅 = _____ 盎司

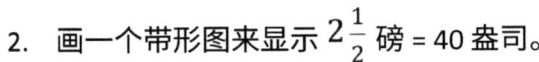
盎司

2. 画一个带形图来显示 $2\frac{1}{2}$ 磅 = 40 盎司。

3.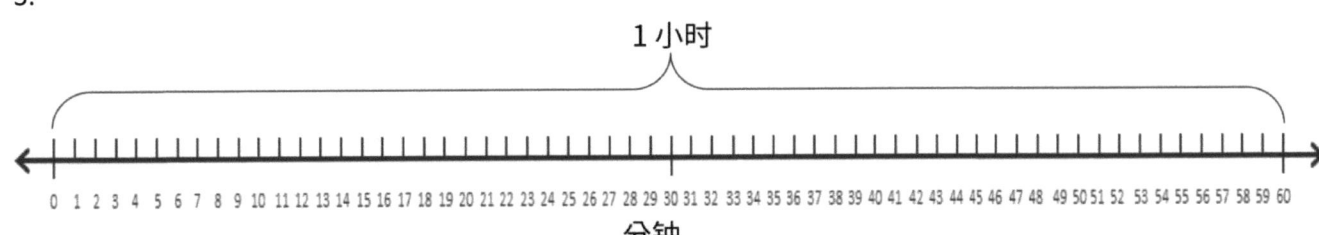
分钟

   a. $\frac{1}{60}$ 小时 = _____ 分钟

   b. $\frac{\overline{}}{60}$ 小时 = $\frac{1}{2}$ 小时 = _____ 分钟

   c. $\frac{\overline{}}{60}$ 小时 = $\frac{1}{4}$ 小时 = _____ 分钟

4. 画一个带形图来显示 $1\frac{1}{2}$ 小时 = 90 分钟。

5. 解题。

a. $1\frac{1}{8}$ 磅 = _____ 盎司	b. $3\frac{3}{8}$ 磅 = _____ 盎司
c. $5\frac{3}{4}$ 磅 = _____ 盎司	d. $1\frac{1}{4}$ 磅 = _____ 盎司
e. $5\frac{1}{2}$ 小时 = _____ 分钟	f. $3\frac{1}{2}$ 小时 = _____ 分钟
g. $2\frac{1}{4}$ 小时 = _____ 分钟	h. $5\frac{1}{2}$ 小时 = _____ 分钟
i. $3\frac{1}{3}$ 码 = _____ 英尺	j. $7\frac{2}{3}$ 码 = _____ 英尺
k. $4\frac{1}{2}$ 加仑 = _____ 夸脱	l. $6\frac{3}{4}$ 加仑 = _____ 夸脱
m. $5\frac{3}{4}$ 英尺 = _____ 英寸	n. $8\frac{1}{3}$ 英尺 = _____ 英寸

单位的故事

姓名 _____ 日期 _____

1. 画一个带形图来显示 $4\frac{3}{4}$ 加仑 = 19 夸脱。

2. 解题。

a. $1\frac{1}{4}$ 磅 = _____ 盎司	b. $2\frac{3}{4}$ 小时 = _____ 分钟
c. $5\frac{1}{2}$ 英尺 = _____ 英寸	d. $3\frac{5}{6}$ 英尺 = _____ 英寸

第 13 课: 使用测量工具,把带分数测量值转换成较小的单位。

姓名 _____ 日期 _____

使用读-画-写流程求解以下习题。

1. 一部卡特片长 $\frac{1}{2}$ 小时。一部电影长度是卡通片的 6 倍。看卡通片和看电影总共要多少分钟?

2. 一个长板凳长 $7\frac{1}{6}$ 英尺。它比一个短板凳长 17 英尺。长板凳比短板凳长多少英寸?

3. 第一个容器可容纳 4 加仑 2 夸脱果汁。第二个容器比第一个容器可以多容纳 $1\frac{3}{4}$ 加仑。两个容器总共可以容纳多少果汁?

4. 某个女孩身高 $3\frac{1}{3}$ 英尺。长颈鹿的身高是女孩的 3 倍。长颈鹿比女孩高多少英寸？

5. 每个袋子有五盎司脆饼。$22\frac{3}{4}$ 磅 脆饼可以制作多少袋？

6. 二十份煎饼需要 15 盎司煎饼面粉。

   a. 制作 120 份煎饼需要多少煎饼面粉？

   b. 扩展：每一袋煎饼面粉的重量是 $2\frac{1}{2}$ 磅。制作 120 份煎饼要多少袋煎饼面粉？

姓名 _____ 日期 _____

使用读-画-写流程求解以下习题。

琦琦用了 1 小时 20 分钟完成自行车比赛。约翰尼用了双倍时间,因为他的轮胎破了。约翰尼用了多少时间完成比赛?

艾玛的矩形卧室长 11 英尺，宽 12 英尺。画出和标签艾玛的卧室的图画。
艾玛需要多少平方英尺的地毯来覆盖她的卧室？

_____
_____
_____
_____

阅读　　　　　绘画　　　　　编写

姓名 _____ 日期 _____

1. 艾玛的矩形卧室长 11 英尺，宽 12 英尺，卧室有一个 4 英尺乘 5 英尺的衣橱。艾玛需要多少平方英尺的地毯来覆盖她的卧室和衣橱？

2. 为了省钱，艾玛不会在她的衣橱铺地毯。此外，她希望卧室里有一个 3 英尺乘 6 英尺的角落铺木板地板。艾玛现在需要多少平方英尺的地毯来覆盖她的卧室？

第十： 创建和判断复合图形的面积。

3. 求出右边图形的面积。

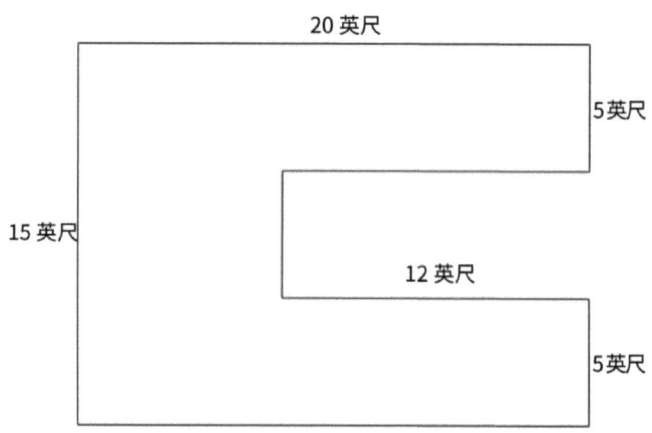

4. 用合理的测量值来标签以下图形的各个边。求出图形的面积。

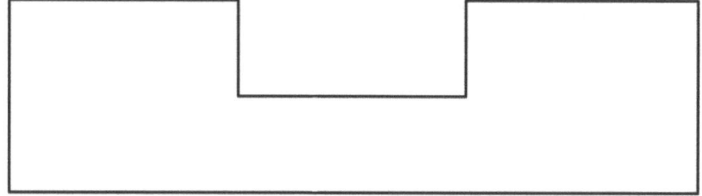

5. 彼得金公园有一个正方形喷泉，喷泉周围有走道。喷泉每边长 12 英尺。走道宽 $3\frac{1}{2}$ 英尺。求出走道的面积。

6. 1 袋碎石可以覆盖 9 平方英尺，需要多少袋才可以覆盖彼得金公园喷泉周围的整个走道？

单位的故事 第 15 课反思 4•7

姓名 _____   日期 _____

以下图表列出你在 4 年级学习过并且用于今天的课程的主题。

选择 1 个主题，并描述你今天怎样成功地使用它。

2 位数乘 2 位数乘法	面积方程式	3 位数除以 1 位数
减多位数	加多位数	解答多步骤文字题。

第 15： 创建和判断复合图形的面积。

姓名 _____ 日期 _____

与你的合作伙伴一起，在另一张纸上创建每一个平面图，如下所描述。

你应该用一把量角器和一把尺子来创建每一个平面图，并确保你创建的每一个矩形有两组平行线和四个直角。

确保使用正确的测量值来标签模型的每一部分。

1. 萨曼莎的玩偶屋卧室是一个矩形，长 26 厘米，宽 15 厘米。它有一张矩形的床，长 9 厘米，宽 6 厘米。卧室中的两个抽屉各宽 2 厘米。一个长 7 厘米，另一个长 4 厘米。创建一个卧室平面图来包括床和抽屉。求出在摆放家具后卧室剩余的可用地板面积。

2. 一个矩形游泳池的模型长 15 厘米，宽 10 厘米。游泳池周围的走道比游泳池的各边长 5 厘米。在走道的一段有一个花床，尺寸为 3 厘米乘 5 厘米。创建游泳池的图形，包括走道和花床。找出游泳池周围的走道的剩余面积。

姓名 _____ 日期 _____

以下图表列出你在 4 年级学习过并且用于今天的课程的技能。这些技能原本在之前的级别教导过，而你在以后的班级会继续熟习它们。从图表中选三个主题，并解释你认为你会在 5 年级怎样继续建立和使用它们。

2 位数乘 2 位数	用面积方程式来寻找复合图形的面积	根据规格创建复合图形
减多位数	加多位数	解答多步骤文字题
构建平行线和垂直线	测量和构建 90° 角	以厘米测量

第 16： 创建和判断复合图形的面积。

姓名 _____   日期 _____

1. 你现在可以用数学来做什么,是你在 4 年级开始时做不到的?

2. 你在这个夏天会练习哪些活动来保持熟练或变得更熟练?

3. 哪些练习会帮助你建立这些概念的掌握度?

姓名 _____ 日期 _____

1. 你认为词汇为什么是四年级数学非常重要的一部分？词汇如何帮助你学习数学？

2. 你熟悉哪些词汇术语，你希望更熟悉哪些词汇术语？

鸣谢

Great Minds®竭尽全力获得转载所有版权教材的许可。如对任何版权材料的拥有人未在此致谢，请联系 Great Minds，以在未来的版本以及本模块的转载中获得正确的致谢。

Printed by Libri Plureos GmbH in Hamburg, Germany